Dedicado a Mamen, centro de mi Universo

Neoplasias del corazón

José Miguel Borrego Domínguez.
Hospital Universitario Virgen del Rocío. Sevilla. MD. PhD. FECTS

copyright 2014. esta obra tiene reservado todos los derechos. Ninguna parte puede ser reproducida parcial o totalmente, fotocopiada o grabada por otros medios sin autorización del autor

ISBN: 978-1-326-10410-8

INDICE

1. INTRODUCCION — PAGINA 7
2. NEOPLASIAS BENIGNAS DEL CORAZON — PAGINA 10
3. TUMORES MALIGNOS PRIMARIOS — PAGINA 38
4. EXT. A AURICULA DERECHA DE UN TUMOR INFRADIAFRAGMÁTICO — PAGINA 44
5. TUMORES METASTASICOS SECUNDARIOS — PAGINA 44
6. TUMORES CARCINOIDES — PAGINA 46
7. IDEAS PARA RECORDAR — PAGINA 48
8. BIBLIOGRAFIA — PAGINA 49
9. PREGUNTAS DE REPASO — PAGINA 57

1. INTRODUCCION

Los tumores cardiacos pueden inicialmente ser clasificados, como otros tumores de otras localizaciones, en primarios cuando su origen celular son las estructuras cardiacas, pudiendo ser a su vez benignos o malignos; o bien secundarios o metastásicos, teniendo su base celular original en cualquier órgano y alcanzando a las estructuras cardiacas por diversos modos, principalmente como veremos posteriormente, por vía hematógena.

Los tumores secundarios o mestastásicos son todos, por definición malignos, dado que su propia característica es la capacidad de invadir otros órganos, posteriormente veremos que entre un 10-20 % de los pacientes que mueren por cancer diseminado tienen afectación, en algún grado del corazón[1].

Los tumores cardiacos primarios son una entidad rara, que hasta hace unos pocos años era una hallazgo en las necropsias, con una prevalencia entre el 0,17-0.20 %[2].

La primera descripción de un tumor cardiaco es atribuida a Columbus en 1559[3], no siendo hasta 1954, con el inicio de las técnicas de circulación extracorpórea, cuando se consigue hacer la primera exéresis de un tumor benigno auricular [4].

Con la profusión y la fiabilidad de técnicas complementarias, principalmente ecocardiografía, pero también escáner o resonancia nuclear han hecho que aun, no siendo frecuentes, se diagnostiquen con cierta asiduidad y muchos de ellos, puedan tener un tratamiento quirúrgico efectivo, en muchos de los casos, en especial en el caso de los mixomas, con una morbimortalidad baja. En ocasiones el diagnostico es casual, en la búsqueda o seguimiento de otras patología cardiacas.

La gran mayoría de estos tumores primarios son benignos, aproximadamente un 75 %[5] divididos en sus diferentes tipología como veremos más tarde, siendo en adultos el más frecuente el mixoma, y en niños el rabdomioma.

Respecto a los tumores malignos primarios, aunque como podemos ver en la tabla I, se dividen en una gran variedad, el más frecuente es el sarcoma.

TABLA I

Clasificación de tumores cardiacos de la WHO (Organización Mundial de la Salud)[6]

Benign tumours and tumour-like lesions
   Rhabdomyoma
   Histiocytoid cardiomyopathy
   Hamartoma of mature cardiac myocytes
   Adult cellular rhabdomyoma
   Cardiac myxoma
   Papillary fibroelastoma
   Haemangioma
   Cardiac fibroma
   Inflammatory myofibroblastic tumor
   Lipoma
   Cystic tumour of the atrioventricular node
Malignant tumours
   Angiosarcoma
   Epithelioid hemangioendothelioma
   Malignant pleomorphic fibrous histiocytoma (MFH)/undifferentiated pleomorphic sarcoma
   Fibrosarcoma and myxoid fibrosarcoma
   Rhabdomyosarcoma
   Leiomyosarcoma
   Synovial sarcoma
   Liposarcoma
   Cardiac lymphomas
   Metastatic tumours
Pericardial tumours
   Solitary fibrous tumour
   Malignant mesothelioma
   Germ cell tumours
   Metastatic pericardial tumours

Existen muchas clasificaciones histológicas y clínicas de tumores, sin duda las dos de referencia son la clasificación de tumores de la Organización Mundial de la Salud (WHO)[6] que podemos consultar en la bibliografía ofrecida y en la Tabla I. Aunque en esta obra, nos referiremos a la clasificación modificada de la elaborada por McAlilster y Fenoglio, contemplada por la mayoría de los autores, con una revisión de más de 500 tumores cardiacos y que podemos observar en la tabla II[7], junto a otra clasificación general más específica de niños[8].

TABLA II

TUMORES BENIGNOS ADULTOS[7]

MIXOMAS	49 %
LIPOMA	19 %
FIBROELASTOMA	17 %
HEMANGIOMA	5 %
MESOTELIOMA DEL NODO AV	4 %
FIBROMA	2 %
TERATOMA	<1%
RABDOMIOMA	<1%
OTROS	<1 %

TUMORES MALIGNOS ADULTOS[7]

ANGIOSARCOMA	33 %
RABDOMIOSARCOMA	21 %
MESOTELIOMA	16 %
FIBROSARCOMA	11%
OTROS	

TUMORES EDAD INFANTIL[8]

TUMORES BENIGNOS

RABDOMIOMAS	40-60 &
TERATOMAS	15-19 %
FIBROMAS	12-16 %
MIXOMAS	4-6 %
HEMANGIOMAS	5 %

TUMORES MALIGNOS

RABDOMIOSARCOMAS	2 %
FIBROSARCOMAS	2 %

La incidencia de tumores operados quirúrgicamente es aproximadamente de 0,5 %, de los pacientes intervenidos en una unidad de cirugía cardiaca[9]. Por tanto, en prácticamente todas las unidades de cirugía cardiaca representa una entidad infrecuente.

Los síntomas generales de estas patología variarán según la benignidad o malignidad de la entidad, así como de su localización, obstrucción de flujo, embolización, arritmias, derrame pericárdico etc.

2. NEOPLASIAS BENIGNAS DEL CORAZON

2.1 MIXOMAS

2.1.1 INCIDENCIA

Como hemos visto en la tabla II, los mixomas son los tumores benignos más frecuentes en adultos y los que mayoritariamente se tratan en cirugía cardiaca. En adolescentes representa aproximadamente un 15 % de los tumores benignos, siendo raros en los primeros años de vida.

Son tumores benignos con una distribución mayoritariamente esporádica y con predominio claro en el sexo femenino especialmente entre la tercera y sexta década de la vida.[10]

En un porcentaje pequeño (5-7 %) va asociado a un síndrome autosómico dominate, denominado complejo de Carney, junto a otras alteraciones pigmentarias y endocrinológicas, en general afecta a varones jóvenes, con menor frecuencia de asentamiento en aurícula izquierda, y una mayor tendencia (33%) a ser múltiple. Con mayor frecuencia que en los casos esporádicos, tienen tendencia a la recurrencia. En estos casos familiares tienen alteraciones del ADN de la célula tumoral, lo cual se presenta de forma rara en los esporádicos [9].

2.1.2 ANATOMÍA PATOLÓGICA.

Histológicamente provienen de células mesenquimales pluripotenciales y están constituidos por una matrix de ácidos mucopolisacáridos.

Su asentamiento es el endocardio, extendiéndose a cámaras cardiacas, son polipoides, pedunculados y a veces combinados con trombos. Su lugar de asentamiento mayoritario son las aurículas, especialmente la izquierda en un 75 % de los casos. Aproximadamente en un 18 % de los casos asientan en la aurícula
derecha, aunque han sido descritos asentamientos en válvulas cardiacas o ventrículos. La presentación suelen ser únicos, salvo en el caso familiar, donde el asentamiento múltiple es más frecuente.[11]

En la aurícula izquierda generalmente están localizados en la fosa oval, pero pueden originarse en cualquier parte de la aurícula e incluso raramente, en válvulas cardiacas o endocardio ventricular.

El aspecto macroscópico y quirúrgico de estos tumores, son en su mayoría redondeados con aspecto polipoideo y pediculados con una base de asentamiento, (fotografía 1). Menos comúnmente y más

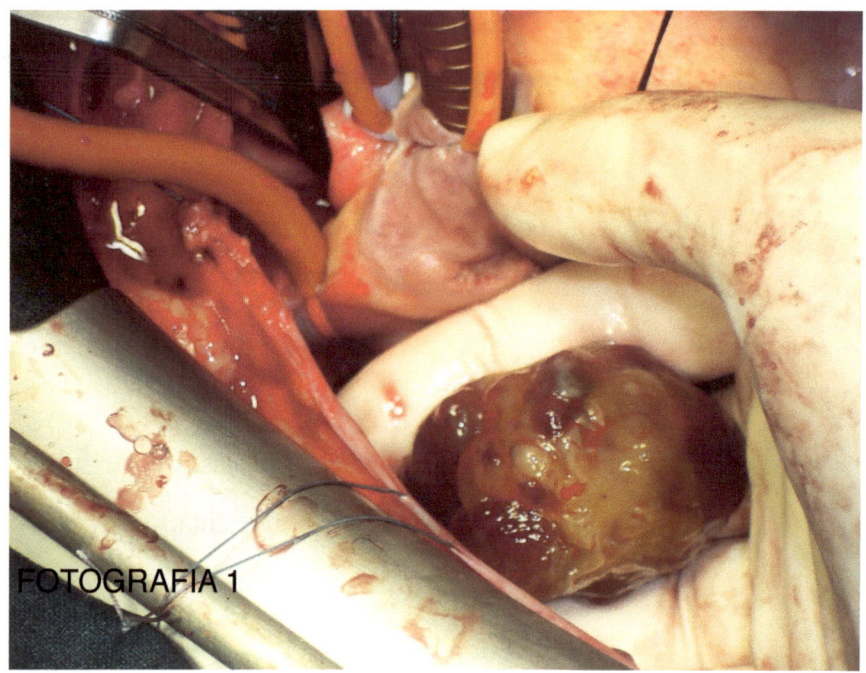

FOTOGRAFIA 1

peligroso a la hora de producir embolias son los de aspecto gelatinoso, con extraordinaria fragilidad, sin clara base de implantación. Sin duda este último tipo es el que más dificultades puede dar a la hora de la explantación. (fotografía 2)

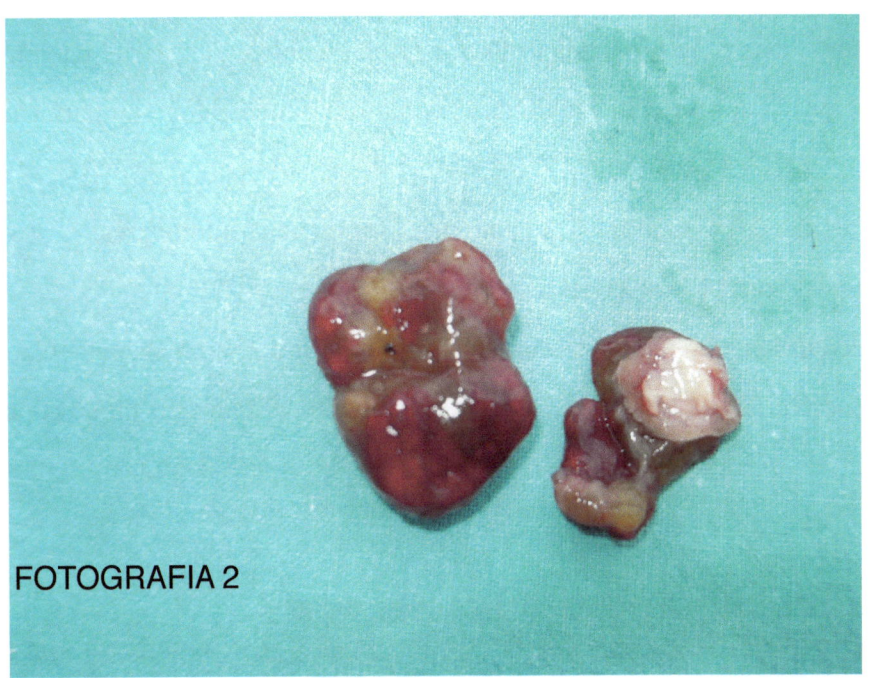

FOTOGRAFIA 2

2.1.3 PRESENTACIÓN CLÍNICA

La sintomatología de la presentación del mixoma, depende lógicamente de su localización, siendo la aurícula izquierda su principal asentamiento. Según, Pinede L. en una serie de 112 casos consecutivos en uno solo centro, la probabilidad de presentación inicial es la siguiente:[12]

67 % fallo cardiaco.

29 % embolización.

34 % síntomas constitucionales, pérdida de peso y afectación del tejido conectivo secundario a la secreción de citoquinas, siendo más frecuentes en mujeres.

3 % arritmias, infecciones etc.

Tradicionalmente, la presentación clínica, (casi en un 70 % de los casos) es por obstrucción intracardiaca, produciendo principalmente fallo cardiaco. Sin duda, los síntomas y signos variarán

según la cámara donde asiente y produzca el tumor la obstrucción. Así, en el caso más común de localización en la aurícula izquierda, los síntomas generales simularán una estenosis mitral, con los

síntomas típicos de disnea y aumento de presiones en venas pulmonares, a veces relacionados con la posición (protusión del tumor).

En otras ocasiones en los que la obstrucción, sobre todo de mixomas pediculados produzca una obstrucción grave transitoria el paciente, puede debutar con un síncope o una insuficiencia cardiaca izquierda aguda. (fotografía 3)

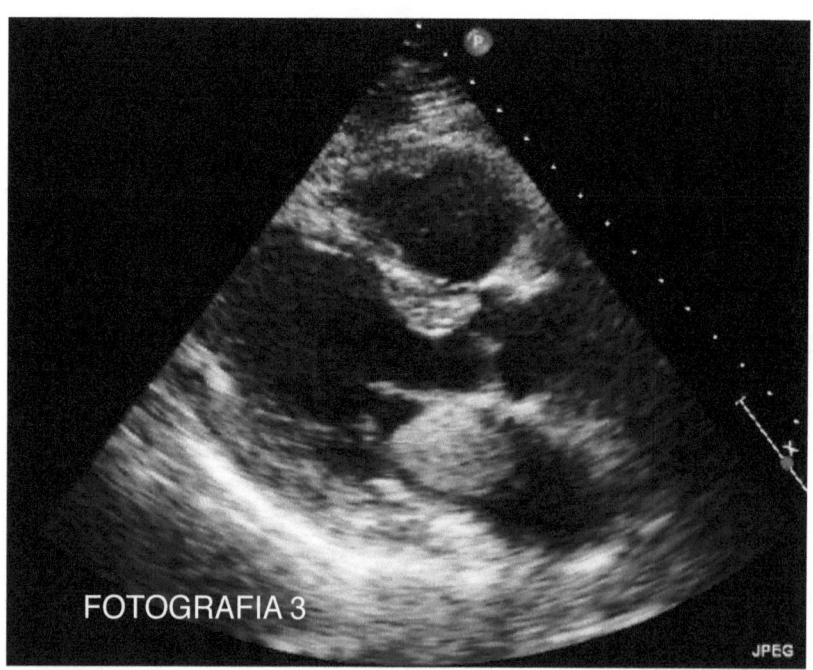

Así, la mayoría de los diagnósticos de mixoma se deben al intento de diagnosticar por ecocardiografia, una sospecha de estenosis mitral, hallándose los datos del tumor de forma insospechada.

El segundo síntoma más frecuente es el de la embolización, que ocurre casi en un tercio de los pacientes como síntoma inicial. La embolia proviene de material propio del tumor o en ocasiones de procesos trombóticos asociados al tumor.[13] Así, un tumor benigno histologicamente, puede producir muy graves secuelas[14]. Igualmente que en el caso anterior, depende de la cámara donde asiente el tumor, produciendo sintomalogía de embolia pulmonar en los localizados en el corazón derecho[15]. En la afectación tumoral de aurícula izquierda se produce una vasta localización de embolias sistémicas, afectando a múltiples órganos, desde embolias periféricas con diagnostico tras el procedimiento de embolectomía, a infartos agudos de miocardio. Un porcentaje muy importante de embolias, afectan al sistema nervioso central, con un amplio rango de sintomatología, desde accidente vascular transitorio, hasta embolia cerebral masiva. En estos casos, muchos autores propugnan una cirugía cardiaca de exéresis cardiaca temprana, a pesar de los riesgos de la heparinización completa, necesaria para la intervención, por el riesgo de repetición de las embolias[16,17].

Otras complicaciones neurológicas de los mixomas son las metástasis cerebrales (asentamiento del tumor tras la embolia) y la formación de aneurismas intracraneales, pudiendo causar rupturas y hemorragias intracerebrales o subaracnoideas[18].

Aunque los mixomas ventriculares son raros, sin embargo el porcentajes de estos tumores que embolizan es de casi el 70 % [19].

Los síntomas constitucionales, representan un porcentaje importante, que en principio no son específicos de estos tumores y que reflejan un amplio espectro de síntomas, que están de alguna forma presente en casi todos los pacientes, en especial en los pacientes con mixoma izquierdo, e incluyen fiebre, pérdida de peso, rash cutáneo, mialgias, así como alteraciones de laboratorio tales como leucocitosis, anemia hemolítica, aumento de velocidad de sedimentación, trombocitopenia, elevación de proteína C, etc. En algunos casos, se han presentado incluso síntomas paraneoplasicos[14].

2.1.4 DIAGNOSTICO

Las radiografías o ECG dan datos inespecíficos que no aportan una información significativa.

Actualmente el diagnostico de presunción viene dado, principalmente por la ecocardiografía, en todas sus variedades, la mayoría de las veces como hallazgo casual en la búsqueda de patologías valvulares que expliquen la sintomatología del paciente.

Con frecuencia, una eco transtorácica es suficiente para el diagnostico, con una sensibilidad próxima al 100 %, detectando tumores de varios milímetros, en ocasiones se utiliza pre o en quirófano una eco transesofágica que nos proporciona información adicional, especialmente en los asentados en la aurícula izquierda. La eco tridimensional nos puede aportar información suplementaria respecto a la base de implantación, y relaciones anatómicas.(fotografía 4)

Respecto a la tomografía computarizada y resonancia mangnética, en general, al menos en los mixomas solo aporta información adicional.[20] Debe usarse en casos de dudas diagnóstica, la sospecha de tumores malignos o para determinar situación y extensión. Puede ser de utilidad en mixomas derechos para aclarar su extensión hacia las cavas, o bien en asentamiento en los ventrículos[21], y en casos de diagnostico en niños para aclarar posibles otras entidades histológicas[22]. (fotografía 5)

FOTOGRAFIAS 4 Y 5

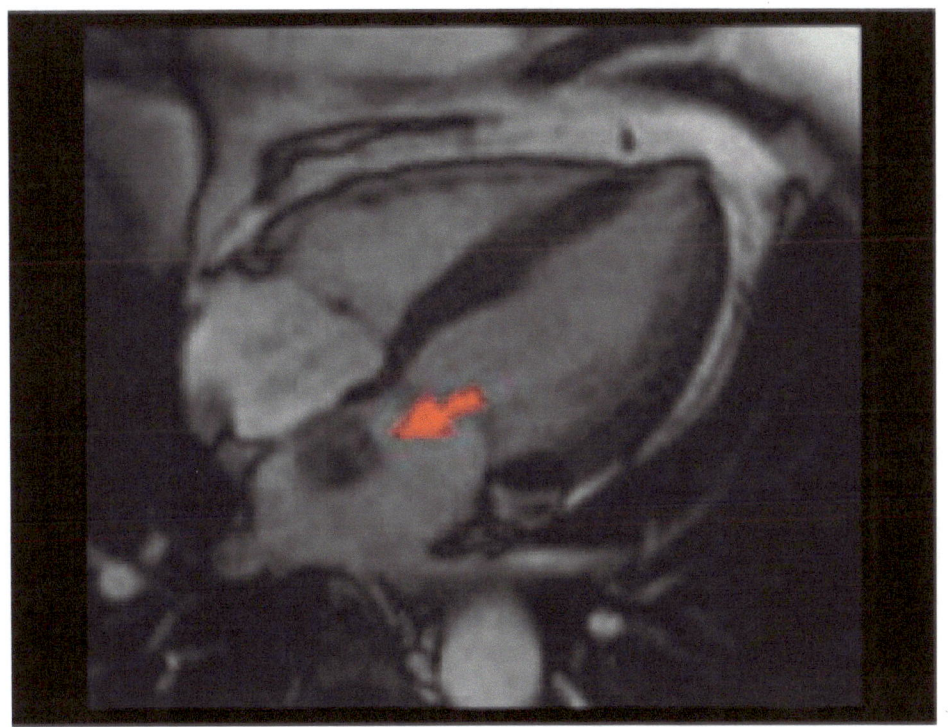

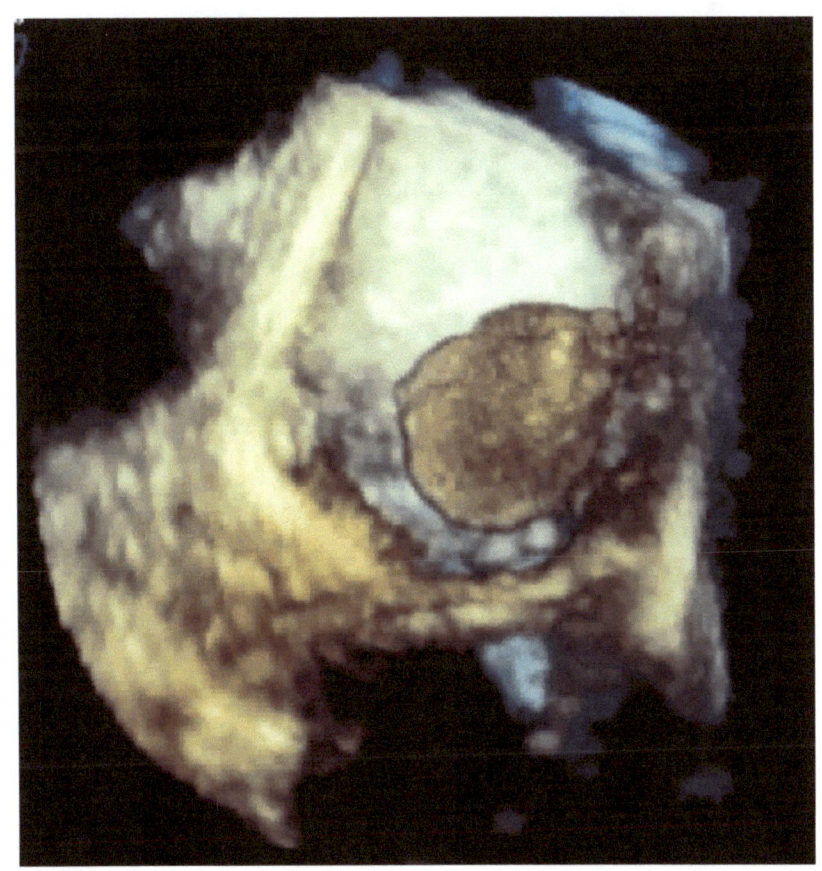

2.1.5 ACTUACIÓN QUIRURGICA DE LOS MIXOMAS.

Una vez diagnosticado el mixoma, debe de intervenirse lo antes posible, con el objetivo de evitar la muerte súbita[23] que a veces puede producirse en estos pacientes, especialmente por obstrucción del flujo valvular, así como por la posibilidad de embolia. (fotografia 5B y 5C)

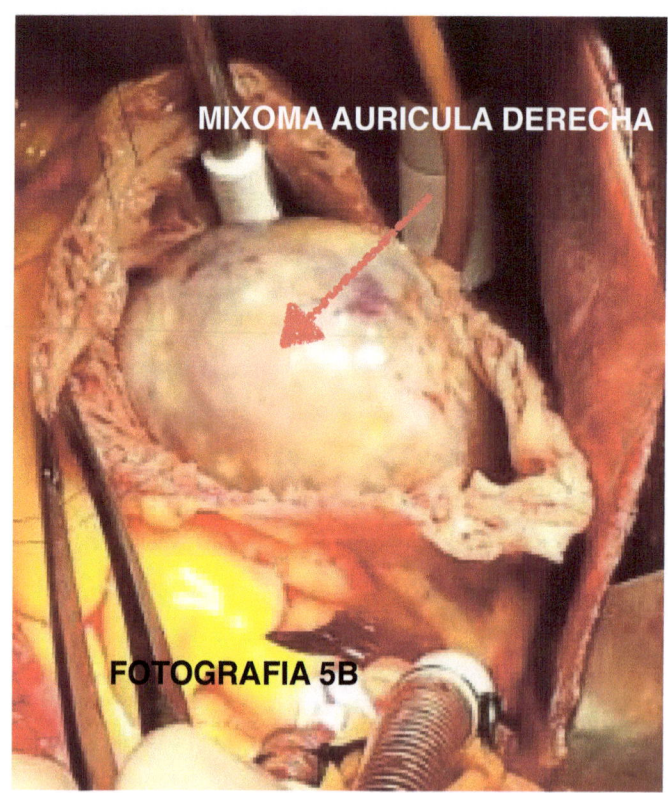

FOTOGRAFIA 5B

En el caso de presencia de una embolia cerebral, ya presente y con cierta frecuencia como forma de presentación, como ya hemos analizado, debe detenidamente individualizarse la situación, pero en caso de una embolia de tamaño pequeño o medio, no debe demorarse la cirugía más de dos semanas, a menos que se evidencie hemorragias importante sobre las zonas embólicas cerebrales. El riesgo de hemorragia tras la heparinización completa para el mantenimiento de la circulación extracorporea, ha de balancearse con el riesgo de evitar nuevas embolias tumorales.

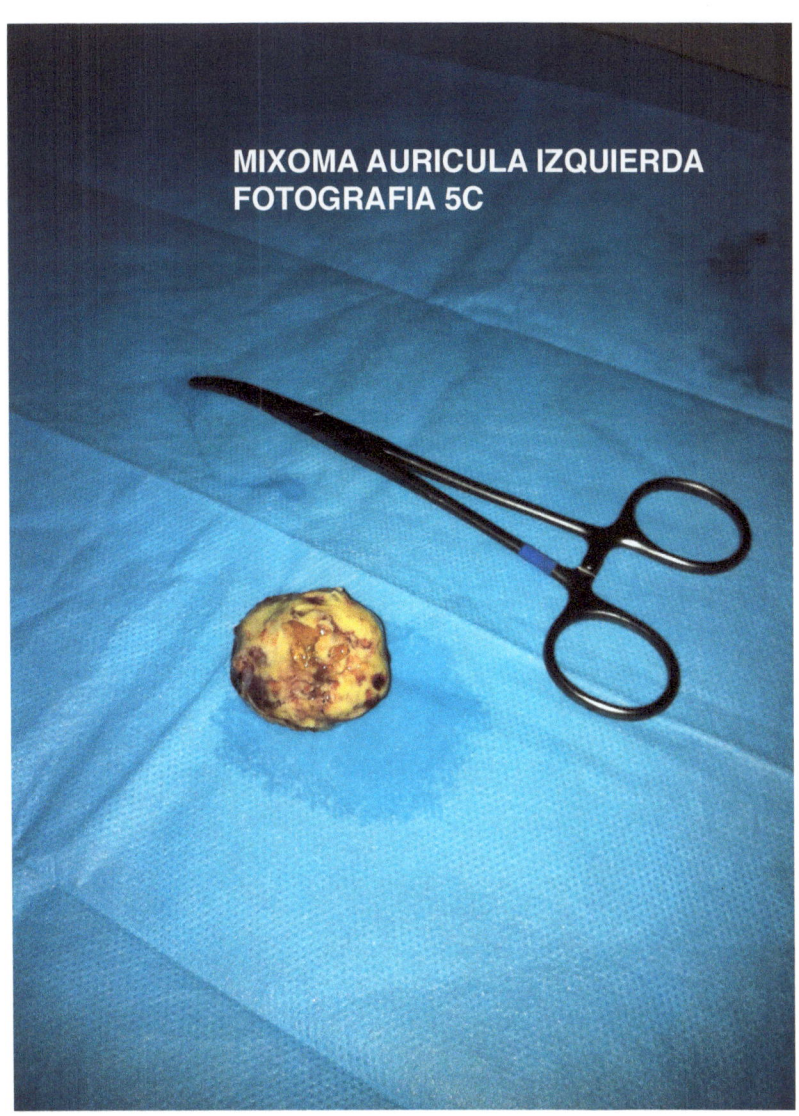

El segundo punto esencial en este tipo de cirugía es evitar la posible fragmentación del tumor durante las maniobras quirúrgicas o de extracción. Por ello y durante la introducción de cánulas

cardiacas se debe ser muy cuidado en la manipulación, utilizando aspiradores externos durante la exploración cardiaca, pudiendo ser una opción, la utilización de cánulas aorticas con sistemas acoplados para recoger pequeñas embolias.

La técnica de acceso, en caso de mixomas de aurícula izquierda o derecha como localizaciones más frecuente, no varía de forma esencial para otros tipos de cirugía que afecten a las aurículas.

Tenemos diferentes formas de estrategia quirúrgica para la resolución de los mixomas u otros tumores auriculares. Entre ellos, la esternotomía media, técnica estándar en la cirugía cardiaca, el acceso lateral derecho por minitoracotomía por técnica de puertos o con la modificación de acceso asistida por robot.

2.1.5.1 PASOS GENERALES:

Tanto para el acceso a aurícula izquierda o derecha debemos de proceder a canulación de aorta y ambas cavas, a ser posible con canulación angulada directa en ambas cavas superior e inferior, para dejar el mayor espacio posible dentro de la aurícula derecha. Paso de torniquetes alrededor de ambas cavas, que nos permita la apertura de la aurícula derecha, incluso en afectación aislada de la aurícula izquierda.

Escaso descenso de temperatura corporal, dado que la intervención, en términos generales no es prolongada.

Y el uso de cardioplegia como ha sido explicado en otras secciones de este libro, tan solo debe evitarse la cardioplegia retrograda en caso de afectación de la aurícula derecha o ventrículo derecho por el riesgo de embolización tumoral.

En caso de afectación de la aurícula izquierda, conviene disecar el espacio interatrial, para tener mejor acceso auricular. Estos pacientes, dado que carecen de patología valvular inicial, suelen tener una aurícula izquierda de pequeño tamaño, lo cual supone con frecuencia, la mayor complejidad dado que dificulta su visualización, y como sabemos debe evitarse excesivas manipulaciones y tracciones.

Un tema delicado es la aspiración, se debe evitar al menos inicialmente, que la sangre de alrededor del tumor vaya al circuito de la bomba de circulación extracorporea, especialmente en casos de tumores muy fragmentados.

En caso de mixomas en aurícula derecha, suele ser suficiente el acceso auricular derecho, con la particularidad de en caso de estar el tumor próximo a las cavas o con un gran pediculación, puede ser necesario, la canulación a través de jugular o vena femoral. En caso especiales con afectación directa de las cavas puede ser incluso necesario el enfriamiento sistémico profundo para realizar parada circulatoria completa de poca duración, como se ha explicado en otras partes de este libro.

En caso de afectación de la aurícula izquierda, el acceso biauricular facilita la manipulación y la resección tumoral, nos permite identificar correctamente la zona de asentamiento y abordarla de forma eficaz.

En caso de mixoma auricular izquierdo y asentamiento en el borde de la fosa oval, que representa un 75 % de los casos, se procede a la apertura de ambas aurículas, una vez pasada la cardioplegia. Se inspecciona el tumor, procediendo a realizar una apertura con bisturí en la fosa oval desde la aurícula derecha de forma ovoidea o circular; a veces la presión con un dedo desde la aurícula izquierda, ayuda a identificar la zona de asentamiento; a continuación, se procede a retirar el tumor desde la aurícula izquierda, completando la incisión en el tabique interatrial, si fuera necesaria. Se explora otras posibles zonas de asentamiento y se debe prestar un extraordinario cuidado en extraer cualquier fragmento de las cavidades auriculares o ventriculares, con lavado abundante con suero salino. Se han evidenciado siembras postquirúrgicas[24], debido a pequeños fragmentos tumorales, e incluso embolización coronarias.

Se procede al cierre de la zona de exéresis en general con una sutura directa, en caso de mayor resección se procede al cierre con pericardio autólogo o bovino.

Se extrae el aire cuidadosamente de las cavidades y se procede a la salida de anoxia cardiaca y de circulación extracorporea.

En los raros casos de afectación ventricular, el acceso suele ser adecuado a través de las válvulas tricúspides o mitral.

2.1.5.2 CIRUGIA MINIMAMENTE INVASIVA

La cirugía mínimamente invasiva[25] puede permitir una perfecta visualización y incluso magnificada en relación a la vision directa, por otro lado permite una más rápida recuperación del paciente al evitar la esternotomía (fotografía 6 y figura 1), especialmente en pacientes ancianos.

Aunque existen muy diversas opciones nos centraremos en dos de ellas que pueden aplicarse de forma sencilla, reproducible y con seguridad en los tumores auriculares.

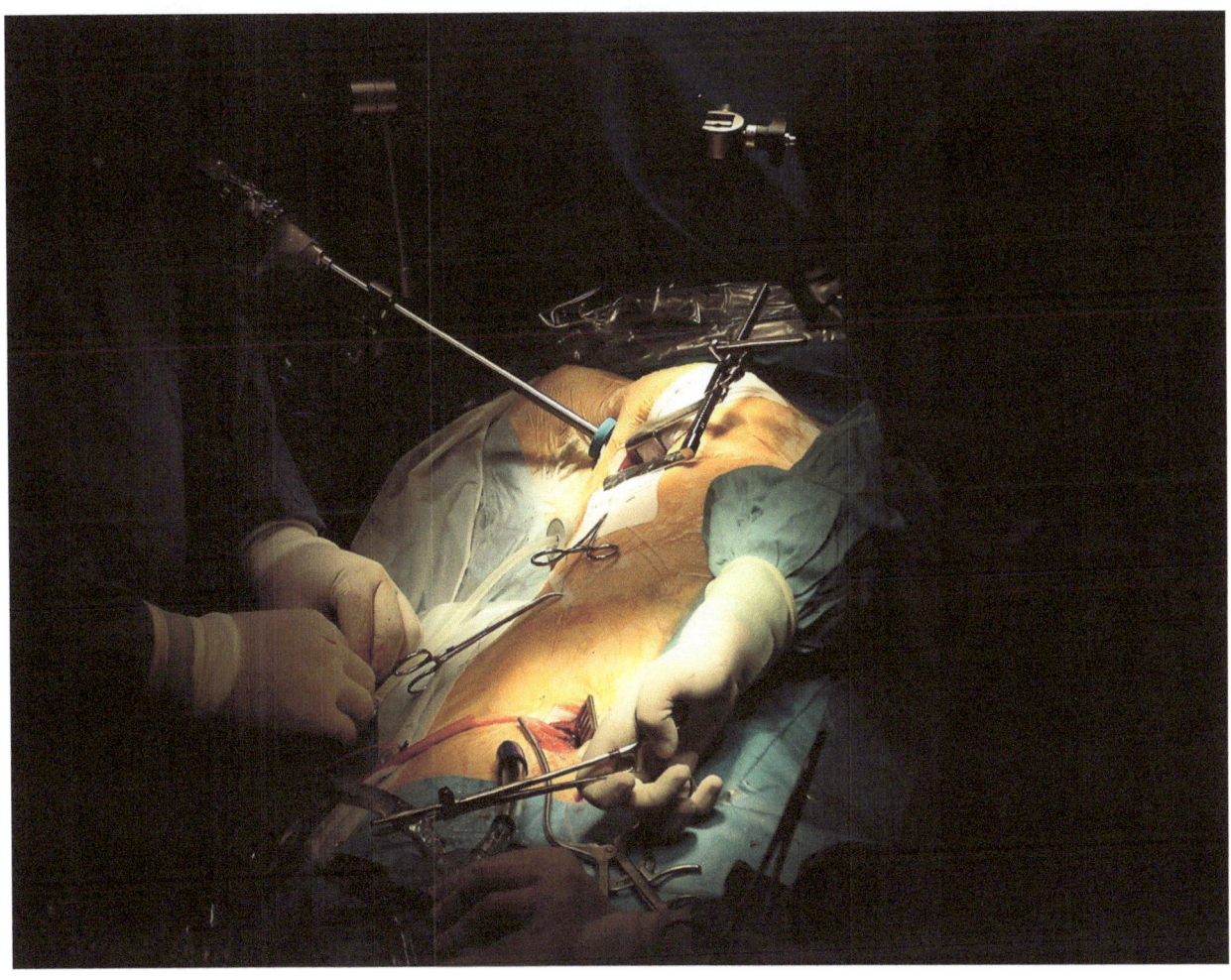

FIGURA 1 ACCESO HEART PORT

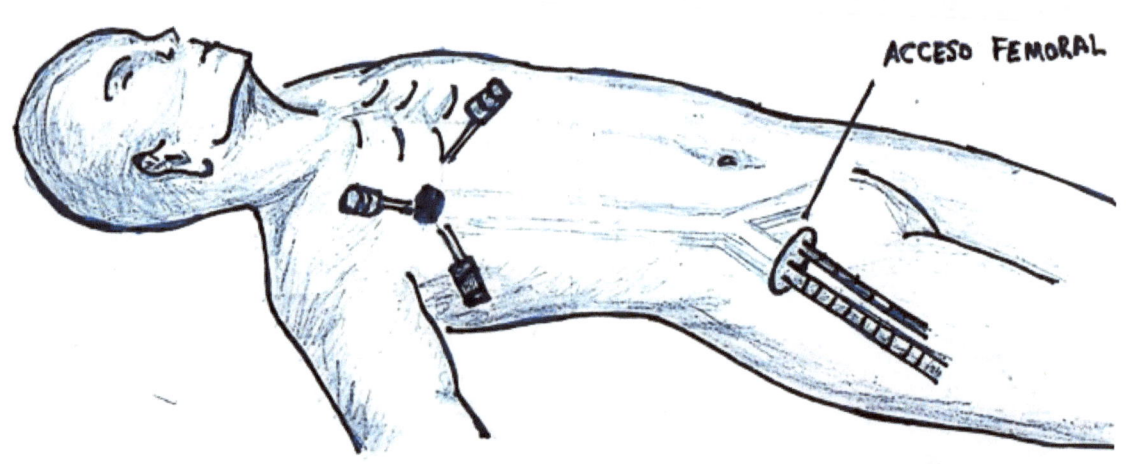

2.1.5.3 CIRUGIA ASISTIDA POR ROBOT

Nuestro grupo tiene experiencia con el uso del sistema robótico DaVinci, las ventajas, a parte de una menor incisión como podemos observar en la figura1, con un pequeño acceso de trabajo y extracción de tumor y tres puertos para introducción de cámara y brazos quirúrgicos, es la visión mejorada que aporta, magnificada y en 3D, permitiendo la inspección de zona de implantación y posibles asentamientos anormales. El tamaño habitual de los mixomas permiten su extracción por el puerto de trabajo sin dificultad. (fotografía 7a y 7b) y figura 2

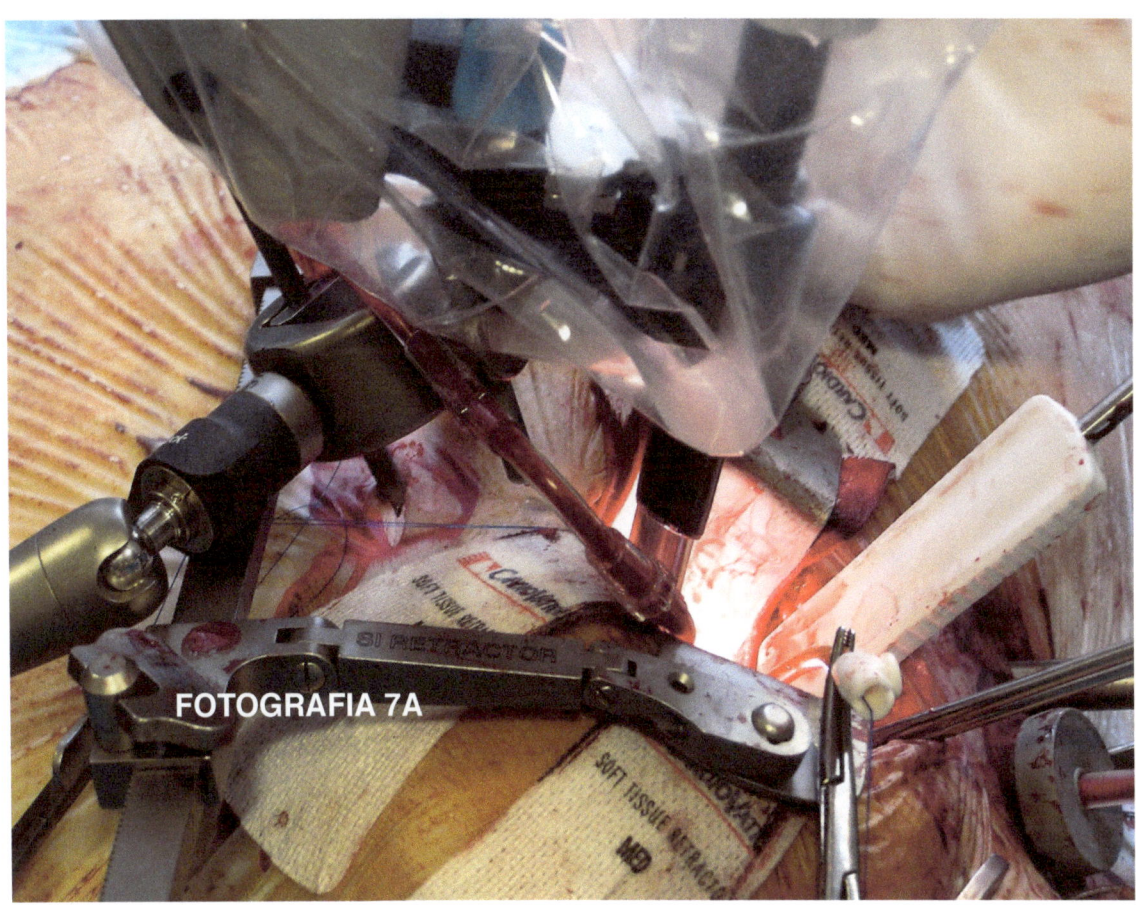

FOTOGRAFIA 7A

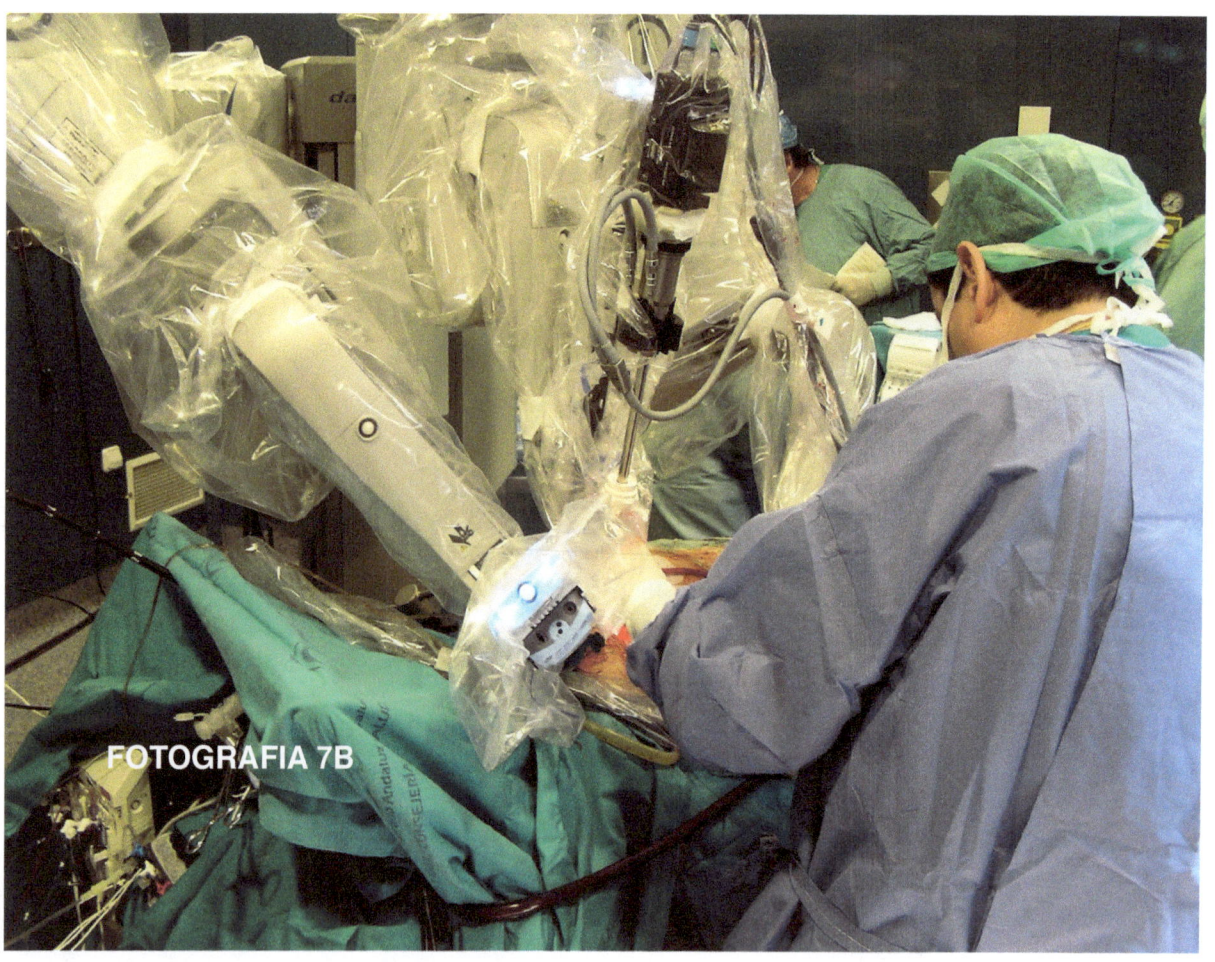
FOTOGRAFIA 7B

FIGURA 2 ACCESO DAVINCI

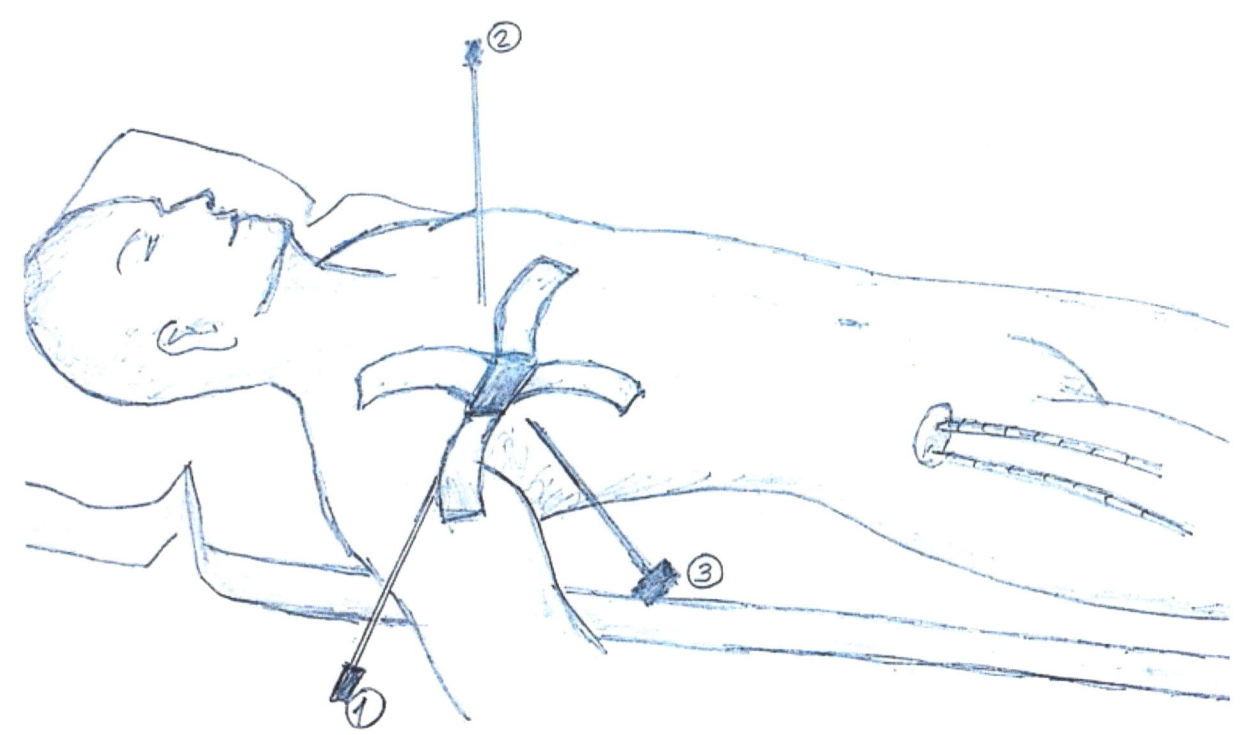

Se entra en circulación extracorporea, con acceso por arteria femoral, (fotografía 8), así como vena femoral y yugular vehículadas por eco transesofágico hasta cavas superior e inferior. El camplaje aortico puedo realizarse por pinza aortica a través del tercer espacio intercostal o a través de algunos de los balones aorticos existentes en el mercado.

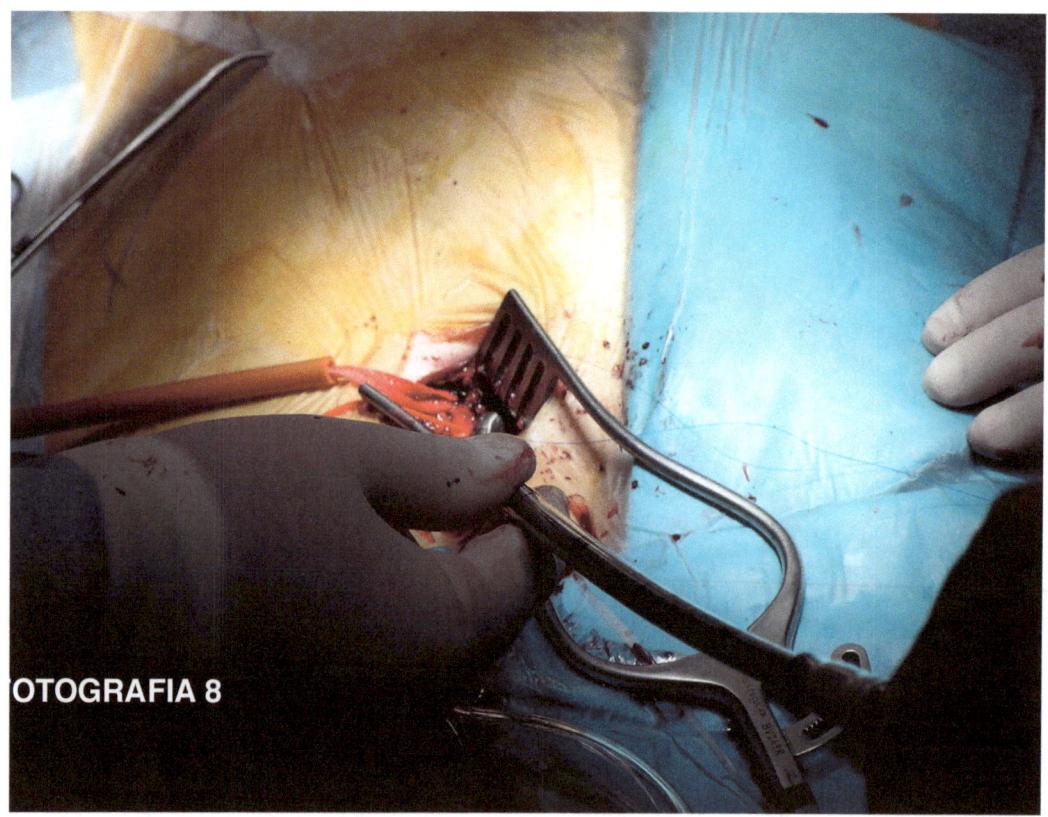

FOTOGRAFIA 8

2.1.5.4 CIRUGIA ENDOSCOPIA POR PUERTOS.

En este caso como podemos ver en las figura 2, la entrada en circulación extracorpórea se hace similar a la cirugía asistida por robot, se practica una toracotomía de 4 a 6 cm. que permite perfectamente las labores de extracción del tumor, así como puertos para acceso de la cámara, retractor o aspiradores. Nos oferta, igualmente una visión magnificada y bien iluminada, con acceso sencillo a ambas cavidades auriculares.(fotografía 9)

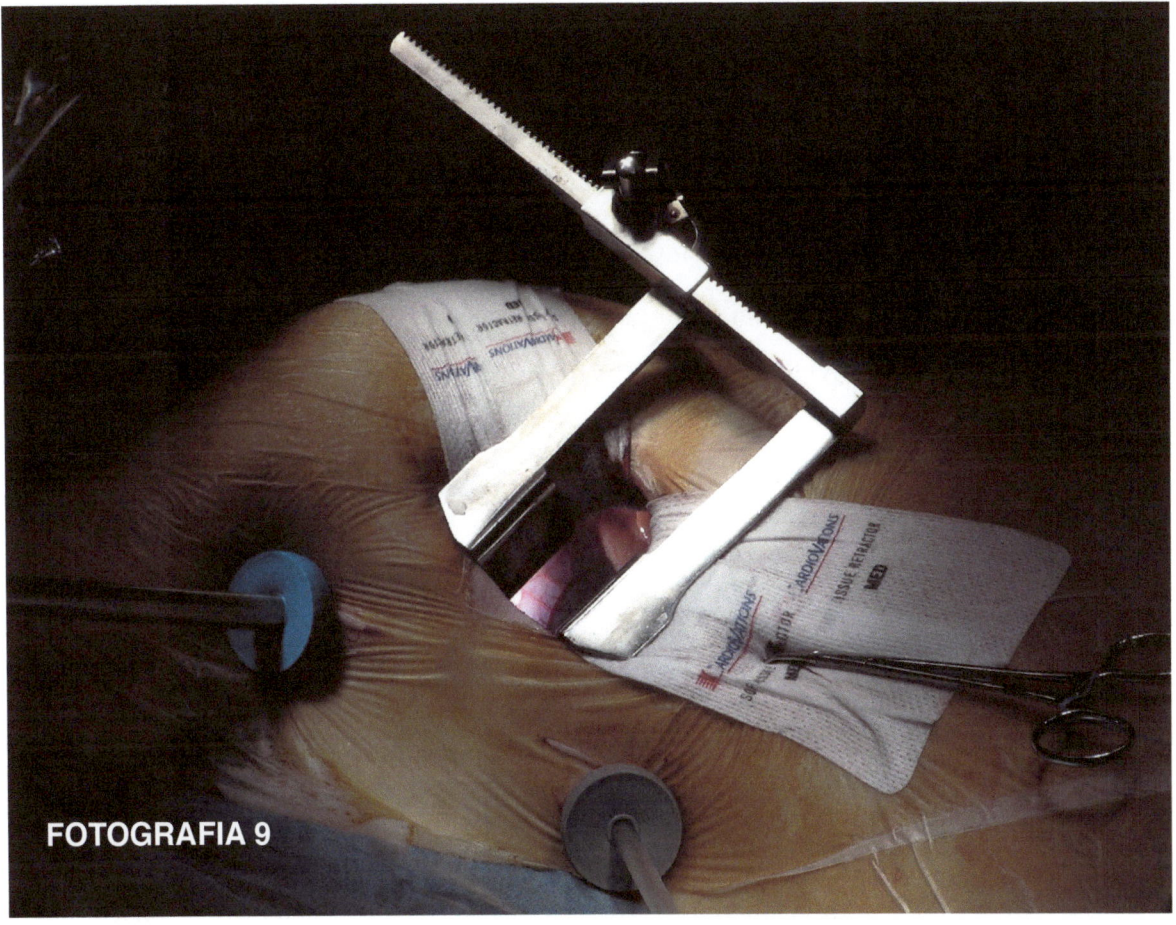

FOTOGRAFIA 9

El procedimiento, no implica de forma significativa un aumento del tiempo de tiempo de circulación extracorporea o anoxia cardiaca[26], aportando una recuperación más rápida de los pacientes, con menor índice de complicaciones, dado que se evita la esternotomía.

Como en el caso anterior, la cirugía asistida por robot, tiene limitaciones en caso de afectación que envuelva las cavas y que vayan a exigir un parada circulatoria completa, siendo éstos casos, por otro lado excepcionales. Otra limitación es la afectación de vasos femorales, en concreto la arteria femoral. En este grupo de pacientes, que como vimos anteriormente son relativamente jóvenes e incluso con predominio del sexo femenino la prevalencia de enfermedad arteriosclerótica de los vasos periféricos suele ser baja.[27]

2.1.6 RESULTADOS

Los resultados de la excision quirúrgica son excelentes con una mortalidad entre el 0 al 3 %[28] y en general en pacientes añosos y con comorbilidad asociada, no en relación directa con el tumor.

El grado de recurrencia en mixomas auriculares es infrecuente en casos esporádicos, ocurre solo en un 1-3 %[2], en general relacionado con una deficiente excisión, y más raramente, por crecimiento de un nuevo foco. En los casos de presentación familiar, la recurrencia puede presentarse en porcentaje mucho mayor, variando mucho en la literatura, pero que puede estar alrededor del 25 %, con una mediana de 30 meses desde la primera intervención. Por ello y por ser un patología con baja prevalencia, y por tanto, pocos cirujanos acumulan suficiente experiencia, los pacientes deben ser seguidos en el periodo postoperatorio mediante ecocardiografías periódicas y con evaluación de aparición de nuevos síntomas o de afectación a distancia, en especial aquellos pacientes que presentan alteración del genotipo o son de asentamiento múltiple.

Se han descrito casos de metastatización de estos tumores, a veces múltiples, en especial al cerebro junto a formación de aneurismas vasculares cerebrales[29] y en determinados casos la presentación de síntomas paraneoplasicos[11].

Un tema no suficientemente aclarado, es la malignización de estos tumores, algunos autores consideran que en realidad son sarcomas con degeneración mixoide, y asentamiento en la aurícula izquierda[30] y que presentan similar sintomatología e incluso similar aspecto macroscópico, lo cual induce más a confirmar la necesidad de en casos de mixomas, realizar una exéresis lo más amplia posible, no obstante otros autores han encontrado malignización en zona de embolizacion, en el sentido de un crecimiento excesivo, no de malignización histológica, especialmente sistema nervioso central y tejidos blandos periféricos[31].

2.2 OTROS TUMORES BENIGNOS

2.2.1 LIPOMAS:

Son tumores de grasa madura encapsulada, sin especial distribución en cuanto a edad o sexo. Pueden afectar a diversas estructuras cardiacas, con predilección por la aurícula y ventrículo derecho y en una variedad específica, el tabique interatrial.

En la gran mayoría de las veces, es un hallazgo fortuito[32] por algunas de la técnicas de estudio cardiaco, o de otras patologías torácicas[33], o bien, en relación a otra intervención quirúrgica cardiaca, por ello rara vez presentan sintomatología propia, salvo que su tamaño produzca cierto grado de obstrucción valvular o de venas cavas. No suele precisar tratamiento salvo en los casos de complicaciones.

Una variedad de lipomas, es la hipertrofia lipomatosa del septum auricular, consistente en depósito de grasa no encapsulada en el tabique interatrial (para algunos autores consiste en una entidad diferente). Tiene una distribución preferente en mujeres añosas y obesas, el principal problema es su diferenciación con otros tumores cardiacos, en donde la resonancia nuclear puede aportar información adicional. Existe poca experiencia en el beneficio y ventajas de la intervención de estos tipos de tumores. Se ha especulado que en los casos que producen arritmias, podrían beneficiarse, o en los casos excepcionales, de obstrucción de vena cava superior[34].

2.2.2 FIBROELASTOMA PAPILAR VALVULAR

Son tumores raros, mucho menos frecuentes que mixomas o lipomas, pero son los tumores valvulares más frecuentes. Con la profusión de pruebas diagnosticas no invasivas, principalmente la ecocardiografia, comienza a no ser despreciable en todos los servicios de cirugía cardiaca.

Característicamente asientan en válvulas o endocardio adyacente, con un asentamiento principal en la válvula aortica, (fotografía 10), pero pudiendo afectar a cualquiera otra[35].

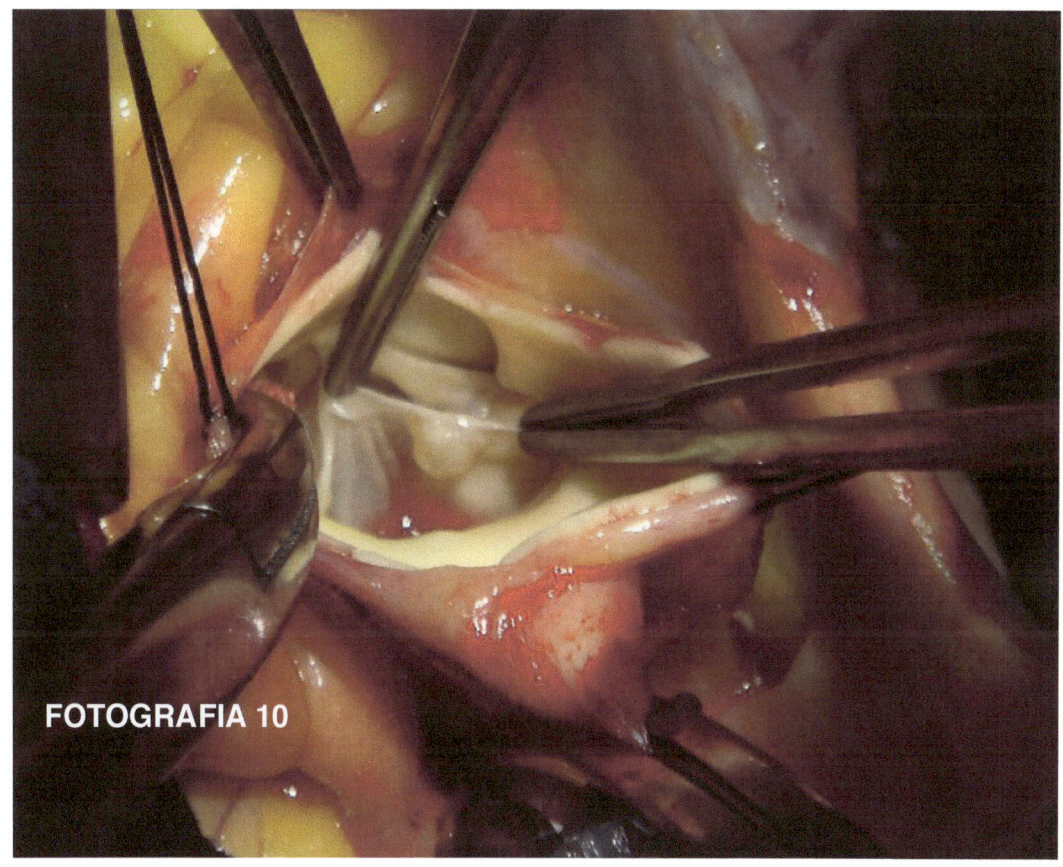

FOTOGRAFIA 10

La importancia de estos tumores es la alta prevalencia de embolias que producen, principalmente a nivel cerebral y arterias coronarias. En su afección de la válvula aortica pueden producir obstrucción de los ostia coronarios, favorecido por su anatomía fibrilar. Clínicamente suelen ser asintomáticos hasta este evento. Habitualmente el tamaño es pequeño y pueden ser resecados conservado la válvula nativa, especialmente porque no precisa unos márgenes de resección amplios como en el mixoma, dado que raramente se ha evidenciado recurrencias[36].

2.2.3 RABDOMIOMA

Es el tumor mas frecuente en niños especialmente con escasa edad, en niños mayores o adolescente son más frecuentes los mixomas o fibromas.

Suelen estar presente desde el nacimiento, con cuadro de insuficiencia cardiaca y arritmias ventriculares, en este caso incluso presentando muerte súbita[37], pero en la mayoría de los casos son

asintomáticos, llegando al diagnósticos por las ecocardiográfias tanto prenatales, en la mayoría de los casos[38], como en el momento de nacer, en estos casos la aplicación de otras técnicas diagnosticas como la resonancia aporta una gran información, tanto de localización como de presunción etiológica.

Son en general, de aspecto nodular con protusión hacia la cavidad endoventricular. Histológicamente son miocitos aumentados de tamaño, rellenos de gran cantidad de glucógeno., con núcleo hipercromático y citoplasma eosinófilo. Aunque puede presentarse esporádicamente, tiene una fuerte asociación con la esclerosis tuberosa, en más del 50 % de los pacientes.

En un 90 % de los casos son múltiples, afectando principalmente a los ventrículos, esto supone que pocas veces puedan ser intervenidos. En los casos de rabdomiomas aislados que produzcan taquicardia incesante, puede realizarse la exéresis a través de las válvulas cardiacas o ventriculotomía. Se han descrito regresión de algunos rabdomiomas o reducción de tamaño, por lo cual debería valorarse cuidadosamente en pacientes asintomáticos una actitud expectativas[39].

2.2.4 FIBROMA

Es el segundo tumor más frecuente en niños, presentándose raramente en adultos, suelen ser solitarios y afectar a los ventrículos, tabique interventricular o pared anterior del ventrículo izquierdo. Histológicamente están constituidos por fibroblastos, tejido conectivo denso y cierta cantidad de miocitos[40].

La sintomatología que generan es en relación a posible obstrucción al flujo ventricular o arritmias ventriculares, siendo su debut la muerte súbita hasta en un 25 % de los pacientes[41], siendo con frecuencia un hallazgo en las autopsia de niños.

El diagnostico ecocardiográfico nos da el diagnostico de presunción. La exéresis quirúrgica puede realizarse aunque a veces la falta de encapsulamiento hace que la resección sea parcial, recidivando años más tarde. En casos extensos, se ha propugnado para estos niños el trasplante cardiaco.

2.2.5 TERATOMAS

Son tumores raros, que afecta al corazón y pericardio, especialmente localizado en el pericardio unido a aorta o arteria pulmonar. Los intracardiacos más raros, son masas nodulares que se origi- nan en la pared auricular o ventricular y protuyen en las cavidades cardiacas.

Son los segundos más frecuentes, tras el rabdomioma en neonatos o fetos, y son fácilmente detectado en las ecocardiografías prenatales. El síntoma principal, es el efecto masa del tumor y especialmente el acúmulo de líquido pericardico que puede producir cuadro congestivo en el recién nacido. Histológicamente, los teratomas contiene múltiples elementos inmaduros, incluyendo epitelio, tejido neuroglial, cartílago o hueso.

Los teratomas en general son considerados benignos, aunque se han descrito recidivas o malignización en algunos casos.

La intervención quirúrgica en su localización pericardica, suele ser factible con relativa facilidad para realizar la exéresis de sus conexiones arteriales, no así en los raros casos de localización intraventricular.

2.2.6 OTROS TUMORES BENIGNOS

Existe un amplísimo rango histológicos de tumores benignos que afectan al corazón, muchos de ellos con escasa prevalencia publicada. Haremos una somera descripción de algunos de ellos.

El hemangioma cardíaco es un tumor poco frecuente. En 1990 en una revisión quirúrgica sólo encontramos 20 casos[44] descritos. Puede aparecer a cualquier edad y no se detecta predilección de sexos. Dependiendo del lugar de asentamiento causará o no sintomatología clínica. Puede situarse en cualquier cámara cardíaca o pericardio. Histológicamente es igual a un hemangioma de localización extracardíaca, con cierta frecuencia es un hallazgo tras la coronariografía, mostrando la típica figura de maraña de vasos. Actualmente, el hemangioendotelioma se considera un tumor intermedio, entre el benigno hemangioma y el maligno angiosarcoma.

El mesotelioma del nodo auriculoventricular es un tumor benigno que deriva de restos de células mesoteliales atrapadas en la región del nodo auriculoventricular durante el desarrollo embrionario. Se trata de pequeñas tumoraciones de menos de 15 mm que se encuentran en el septo interauricular, en la
región del nodo auriculoventricular, aunque pueden extenderse a través del haz de Hiss. Son más frecuentes en las dos primeras décadas de la vida y en el sexo femenino. Según su localización cursan con bloqueo auriculoventricular o taquicardia ventricular. Dependiendo de la forma de expresión clínica deben ser tratados con implantación de marcapasos o con desfibrilador implantable como principal terapia[45].

Los tumores que derivan del sistema adrenal son los feocromocitomas y los que provienen del sistema extraadrenal, paragangliomas. La presentación cardíaca de ambos son altamente infrecuentes[46]. Clínicamente los feocromocitomas o los paragangliomas secretores de catecolaminas, se presentan con cuadros de hipertensión difícilmente controlables y una elevación urinaria de los metabolismos de las catecolaminas. Los feocromocitomas afecta principalmente a pacientes jóvenes, asentando principalmente en la pared de la aurícula izquierda. Los paragangliomas suelen localizarse más frecuentemente en el mediastino posterior. La resección completa de estos tumores, si anatómicamente es factible, conlleva la curación del paciente, en algunos casos, al igual que en otros tumores benignos, se ha propuesto el trasplante cardiaco cuando su resección no es viable[47].

3. TUMORES MALIGNOS PRIMARIOS.

Los tumores primarios malignos son una una entidad clínica rara[48], representan el 25 % de los tumores cardiacos primitivos. Con una escasa prevalencia de casos intervenidos, se han presentado series de grandes hospitales pero en todos ellos la casuística es limitada[49]. Casi en un 75% de la tipología, son sarcomas, que son tumores malignos de origen mesenquimal, con una amplia variedad de tipos morfológicos, siendo de ellos los angiosarcomas los más frecuentes, (TABLA II).

TABLA II

TUMORES BENIGNOS ADULTOS[7]

MIXOMAS	49 %
LIPOMA	19 %
FIBROELASTOMA	17 %
HEMANGIOMA	5 %
MESOTELIOMA DEL NODO AV	4 %
FIBROMA	2 %
TERATOMA	<1%
RABDOMIOMA	<1%
OTROS	<1 %

TUMORES MALIGNOS ADULTOS[7]

ANGIOSARCOMA	33 %
RABDOMIOSARCOMA	21 %
MESOTELIOMA	16 %
FIBROSARCOMA	11%
OTROS	

TUMORES EDAD INFANTIL[8]

TUMORES BENIGNOS

RABDOMIOMAS	40-60 &
TERATOMAS	15-19 %
FIBROMAS	12-16 %
MIXOMAS	4-6 %
HEMANGIOMAS	5 %

TUMORES MALIGNOS

RABDOMIOSARCOMAS	2 %
FIBROSARCOMAS	2 %

Haremos una somera distinciones histologicas de los diversos sarcomas, aunque tienen poca repercusión en el pronóstico o tratamiento, por ello diversos autores optan por una división según la zona cardiaca de afección[50].

Los tumores primarios cardiacos tienen una presentación esporádica, sin penetración familiar. El rango de edad de presentación es amplio, con mayor incidencia en adultos. Tienen un crecimiento rápido con carácter infiltrativo o invasivo de estructuras mediastínicas y torácicas[51], que hacen imposible su resección.

La sintomatología general de presentación es variable, desde taponamiento por derrame pericardio hemático a síntomas vagos, pero en general, el cuadro es de insuficiencia cardíaca. Poseen gran tendencia a producir metástasis a distancia especialmente en pulmón, riñón, hígado, glándulas suprarrenales y hueso. Además, pueden provocar pericarditis constrictiva por infiltración tumoral. También, pueden manifestarse con fenómenos de embolización tumoral periférica o pulmonar y síndrome constitucional inespecífico, que es bastante característico en las neoplasias malignas[52].

El ecocardiograma, (fotografía 11), especialmente el ecocardiograma 3D, detecta adecuadamente estos tumores especialmente ante la evidencia de tumores infiltrativos.

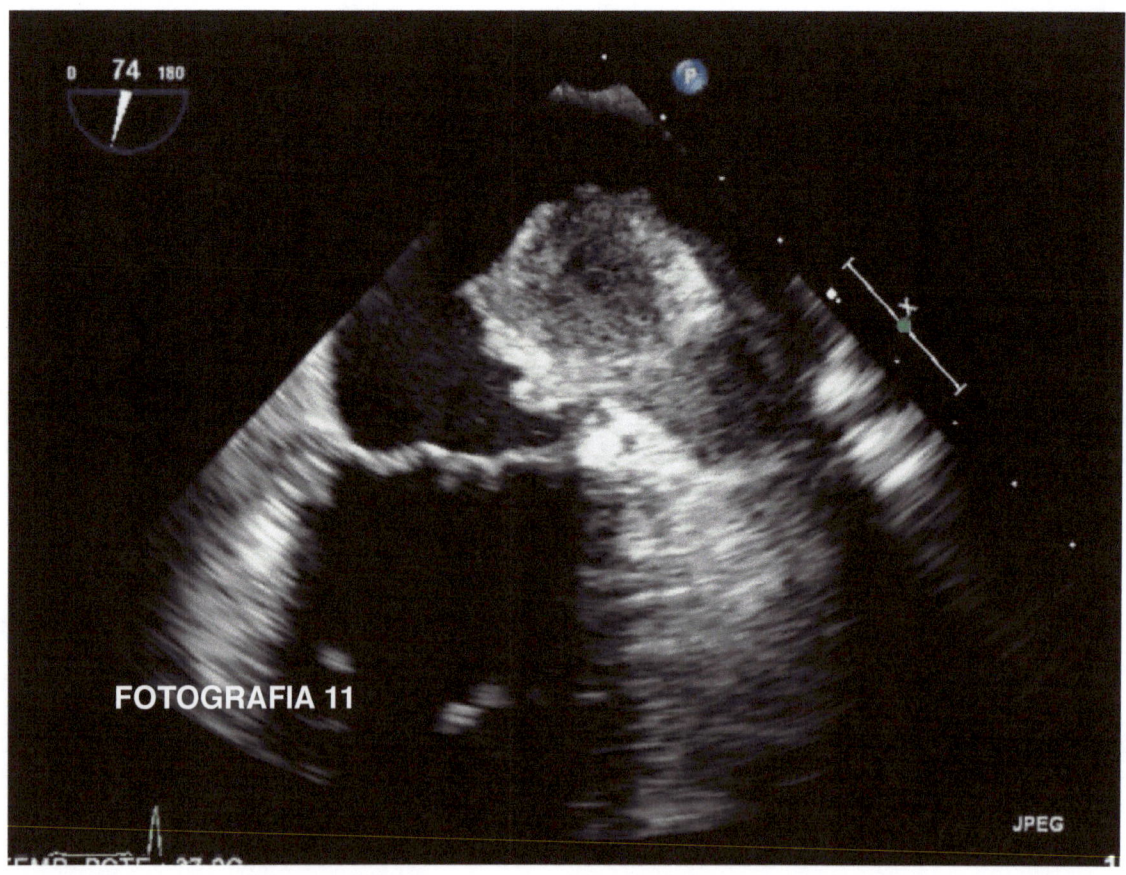

FOTOGRAFIA 11

La TAC y la RMN torácicas proporcionan no sólo la imagen, si no que nos pueden ayudar a sospechar su tipología, al detectar la zona afectada y el grado de infiltración, así como el grado de extensión o invasión hacia mediastino.

En los casos en los cual no existe una gran extension se han propuesto varias opciones, tales como la resección cardiaca[53] y el trasplante, en este caso con los inconvenientes de falta de donantes que actualmente existe en todo el mundo, junto a la incógnita del efecto de la inmunosupresión necesaria sobre el tumor. Por ello, el pronóstico de estos tumores suele ser incierto, con frecuente metástasis a pesar de la resección completa. Esta es la razón, que una actitud razonable es reservar el trasplante cardiaco a tumores benignos irresecables[54].

Otros autores han propuesto el auto trasplante, con resección cardiaca, agresiva resección y reconstrucción y posterior implante[55], con las modificaciones propias de esta técnica, que las diferencia del clásico trasplante cardíaco ortotópico.

3.1 ANGIOSARCOMAS

Los sarcomas que afectan el lado derecho del corazón, son principalmente angiosarcomas, especialmente surgiendo de la aurícula derecha o pericardio con una infiltración muy agresiva[56],
con una base de implantación amplia en aurícula derecha, extensión a pericardio, endocardica e intracavitaria, con gran tendencia a generar metástasis a distancia, especialmente pulmón, por ello la resección quirúrgica pocas veces puede realizarse. La existencia de grandes masas en aurícula derecha, nos debe hacer sospecharlo.

Es una neoplasia constituida por células malignas que forman unos canales vasculares característicos. Es el tumor cardiaco primitivo maligno más frecuente. (TABLA II). Resultan más habitual en el sexo masculino y puede presentarse a cualquier edad, especialmente entre los 20 y 50 años. Los angiosarcomas, desde el punto de vista histológico, son muy heterogéneos, con variaciones dentro del mismo tumor.

En caso de presentación en el lado izquierdo, son más adecuados para su resección dado, que tienden a ser menos infiltrativos, y con tendencia a metastizar más tarde. La principal localización es la aurícula izquierda, invadiendo la pared, la mayoría son confundidos con mixomas, siendo una resección con bordes limpios la mejor opción terapéutica, a pesar de qué conlleva una moderada alta mortalidad quirúrgica con una alta tasa de recurrencia local[57].

3.2 RABDOMIOSARCOMAS

Es una neoplasia cardíaca maligna compuesta de células musculares de tipo estriado. Constituye el segundo tumor primario maligno cardiaco en orden de frecuencia[58]. Se puede presentar a cualquier edad, aunque es más frecuente entre los 30 y los 50 años, con una distribución por sexos similar. En contraposición con el angiosarcoma, que tiene predilección por el corazón derecho, el rabdomiosarcoma puede localizarse en cualquier cámara o estructura cardíaca. En el 60% de las presentaciones el tumor afecta a múltiples localizaciones y un 50% de los casos tienen invasión del pericardio. La mayor parte de la tumoración es intraparietal pero puede protuir hacia el exterior o intracavitariamente invadiendo las válvulas cardíacas y cavidades auriculares y ventriculares. Con frecuencia se trata de una neoplasia extensa, que afecta a gran parte del corazón y/o pericardio[59].

3.3 FIBROSARCOMAS

Es un tumor mesenquimal maligno que deriva de los fibroblastos[60], puede presentarse en cualquier localización cardíaca. Histológicamente consta de células en huso o fusocelulares con núcleos de bordes romos y citoplasma alargado, asienta con gran frecuencia en la aurícula izquierda y pueden causar un cuadro clínico y ecocardiográfico en parte superponible al mixoma en esta localización, con algunas características diferentes, especialmente su amplia base de implantación y su carácter infiltrativo. Tiene menos tendencia a realizar metastasis que los angiosarcomas, por ello una resección completa si se diagnostica precozmente, acompañado de tratamiento adyuvante, puede mejorar la supervivencia[61].

3.4 OTROS TUMORES MALIGNOS

Existe una gran variedad histológica de tumores malignos primarios, todos ellos con una prevalencia mundial escasa, así se han descrito casos de mesoteliomas malignos, originarios del corazón o pericardio y no desde la pleura, otros tipos anatomopatológicos incluyen: liposarcomas, osteosarcomas, teratomas malignos, sarcomas neurogénicos etc.

4. EXTENSIÓN A AURICULA DERECHA DE UN TUMOR INFRADIAFRAGMÁTICO

Tumores renales, o de otras localizaciones, tales como hepáticos, adrenales o ginecológicos, producen, en determinadas situaciones clínicas, una invasión de la cava inferior, y posteriormente de la aurícula derecha. El manejo de estos pacientes es complejo, por la incertidumbre del beneficio de la cirugía cardíaca. Requiere un abordaje simultáneo con acceso del tumor infra y supradiafragmático, con frecuencia requiere un periodo de parada circulatoria completa. Por tanto y dada la complejidad del procedimiento, hay que seleccionar muy bien los pacientes, consiguiendo en este subgrupo una magnífica supervivencia[62].

5. TUMORES METASTÁSICOS SECUNDARIOS

Sin duda es la causa principal de afectación tumoral del corazón y pericardio, de forma que son 20 veces más frecuente que los tumores primitivos cardiacos benignos y malignos. Casi todos los tipos histológicos de tumores han sido descritos con capacidad de metastizar al corazón. Así leucemias, melanomas, carcinomas pulmonares, cáncer de mama, diversos sarcomas, linfomas han sido implicados en producir en un porcentaje elevado, metástasis cardíacas o pericárdicas. Los melanomas tienen especial predilección por producir metastasis cardiaca[63].

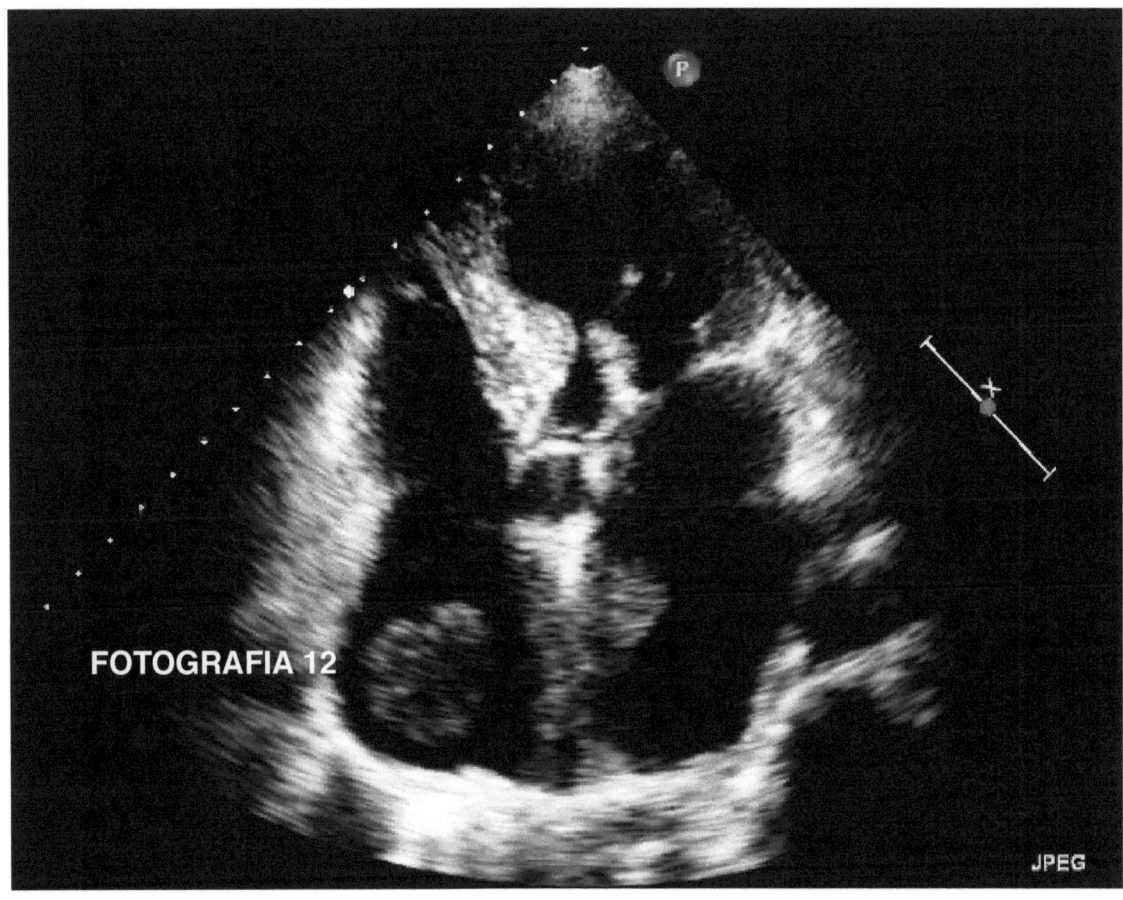

FOTOGRAFIA 12

Se estima que en estudios de necropsias, en pacientes fallecidos por diseminación cancerosa, hasta un 10% presentan afectación cardiopericárdica[64]. Todas las vías de diseminación son posibles, siendo lógicamente la vía hematógena la más frecuente, salvo en la afectación pericardica que suelen ser por invasión directa de tumores cercanos.

Raramente son aisladas (fotografía 12), y en general presentan múltiples siembras al menos microscópicas, a pesar de ello, con frecuencia son asintomáticas, salvó las que producen derrame pericardico masivo o taponamiento cardíaco. Precisamente, esta es la principal o casi exclusiva, indicación de cirugía, para evitar los síntomas invalidantes que producen los derrames pericardicos recidivantes severos. Estas técnicas serán tratadas en otra parte de esta obra, pero en general incluyen la evacuación subxifoidea con o sin ventana plural, la evacuación vía minitoracotomía o vía torascocópica. En cualquier caso, es un tratamiento paliativo de la enfermedad neoplasica que sufre el paciente.

6. TUMOR CARCINOIDE

El tumor carcinoide es una neoplasia neuroendocrina rara (1-2 por cada 100.000 habitantes), de lenta evolución, que se caracteriza por segregar serotonina y otras sustancias vasoactivas[65]. Suele tener origen intestinal, y a veces bronquial o gonadal. El paciente permanece, por lo general asintomático en sus inicios, ya que el hígado actúa como filtro para estas sustancias; pero una vez que ha metastatizado a este órgano, la serotonina y demás compuestos se liberan al torrente sanguíneo general, produciendo una clínica global conocida como síndrome carcinoide (rubicondismo facial o flush, diarrea secretoria y broncoespasmo), y en la mitad de los pacientes una afectación cardíaca o cardiopatía carcinoide[66].

La cardiopatía se produce por depósito de tejido fibroso a nivel del endocardio de las cavidades cardíacas derechas, generando engrosamiento, retracción y fijación de las válvulas tricúspide y pulmonar, conllevando una doble lesión severa. En la válvula tricúspide suele predominar la insuficiencia mientras que en la pulmonar es más notable la estenosis. Las cavidades izquierdas se afectan en menos del 10% de los casos gracias al filtrado ejercido por los pulmones, y en caso de existir, indicaría un shunt derecha-izquierda, un primario bronquial y/o una elevada tasa de secreción serotoninérgica[67].

La clínica principal es de insuficiencia cardíaca derecha. El diagnóstico suele realizarse con ecocardiografía transtorácica o transesofágica aunque también pueden ser útiles otros estudios como la cardiorresonancia y la determinación de metabolitos en orina.

Si bien el tumor carcinoide es de progresión lenta, el desarrollo del síndrome y a su vez de la cardiopatía, empeora el pronóstico, siendo la supervivencia media sin tratamiento de 11 meses en el último caso.

El tratamiento médico se realiza con análogos de la somatostatina, que inhiben la secreción de sustancias vasoactivas. Debe hacerse un adecuado manejo de líquidos y diuréticos para tratar la insuficiencia cardíaca. El único tratamiento curativo[68] de la cardiopatía carcinoide es la cirugía de sustitución valvular que inicialmente se rechazaba debido a la elevada mortalidad perioperatoria (principalmente por crisis carcinoides y por sangrado debido a disfunción hepática), pero que actualmente se lleva a cabo con menos riesgo debido a la posibilidad de estabilizar la secreción de sustancias vasoactivas (factor pronóstico importante y condición para la indicación quirúrgica). A pesar de ello siguen siendo pacientes de elevado riesgo quirúrgico, anestésico y perioperatorio.

IDEAS PARA RECORDAR

- Los tumores cardiacos primarios son una entidad rara, no obstante gracias a las actuales técnicas de diagnósticos, principalmente la ecocardiografía, ha aumentado su diagnostico.
- El 75 % de los tumores primarios son benignos, siendo el más frecuente en adultos el mixoma, en especial con asentamiento en la aurícula izquierda.
- El diagnostico del mixoma, con frecuencia simula una estenosis mitral, en caso de asentamiento en aurícula izquierda. Su tratamiento en general conlleva una escasa morbimortalidad.
- En niños el tumor benigno más frecuente es el rabdomioma.
- Los tumores primarios malignos, son una entidad rara que representa el 25 % de los tumores primarios cardiacos, siendo casi todos ellos del tipo histológico de los sarcomas. En general con pocas posibilidad de resecabilidad quirúrgica.
- Los tumores cardiacos secundarios, son mucho más frecuentes, veinte veces más que los primarios. Prácticamente cualquier tumor puede producir metástasis cardiaca, con especial incidencia en los melanomas.
- Los tumores metastásicos tienen escasa posibilidad de tratamiento quirúrgico, siendo siempre paliativo y casi en exclusividad en relación al tratamiento del derrame pericardio recidivante.

BIBLIOGRAFIA

1. Lam KY, Dickens P, Chan AC. Tumors of the heart. A 20-year experience with a review of 12,485 consecutive autopsies. Arch Pathol Lab Med. Oct 1993;117(10): 1027-31.

2. Reynen. Cardiac myxoma. N Engl J Med 1995;333:1610

3. Columbus mr. De Re Anatomica, libro XV, Venecia 1559 pag 269

4. Coates EO, Drake EH, myxoma of the right atrium with variable shunt right to left. Clinical and physiologic observations and report of a case with successful operative removal. N Engl J Med 1958;259:165.

5. Burke A, Virmani R. Atlas of Tumor Pathology: Tumors of the Cardiovascular System. Washington, DC, USA: Armed Forces Institute of Pathology Press; 1996. Classification and incidence of cardiac tumors.

6. Travis WD, Brambilla E, Müller-Hermelink et al. Pathology & Genetics of Tumours of the Lung, Pleura, Thymus and Heart. Lyon, France: IARC Press; 2004. World Health Organization classification of tumours; p. p. 250.

7. McAllister HA, Fenoglio JJ: Tumor of the cardiovascular system, Atlas of tumor pathology. Washingon DC

8. Orhan Uzun, Dirk G Wilson. Cardiac tumours in children Orphanet J Rare Dis. 2007; 2: 11-15.

9. Christina Maria Steger, Elfriede Ruttmann. Primary Cardiac Tumours: A Single-Center 41- Year Experience. SRN Cardiol. 2012;90:109.

10. Barreiro M, Renilla A, Jimenez JM, et al. Primary cardiac tumors: 32 years of experience from a Spanish tertiary surgical center. Cardiovasc Pathol. 2013;30:120-124

11. Carney JA. Differences between nonfamilial and familial cardiac myxoma. American Journal of Surgical Pathology. 1985;9(1):53–55

12. Pinede L, Duhaut P, Loire R. Clinical presentation of left atrial cardiac myxoma. A series of 112 consecutive cases. Medicine (Baltimore). 2001; 80(3):159-72.

13. Rangel I, Rolim D, Martins E, et al. Atrial myxoma: A histologically benign tumor with potentially serious manifestations. Rev Port Cir Cardiotorac Vasc. 2012; 19(3):133-5.

14. Smith M, Chaudhry MA, Lozano P, et al. Cardiac myxoma induced paraneoplastic syndromes: a review of the literature. Eur J Intern Med. 2012;23(8):669-73.

15. Vico Besó L, Zúñiga Cedó E. Secondary pulmonary embolism to right atrial myxoma. Semergen. 2013; 39(7):54-6.

16. Al-Said Y, Al-Rached H, Baeesa S, et all. Emergency excision of cardiac myxoma and endovascular coiling of intracranial aneurysm after cerebral infarction. Case Rep Neurol Med. 2013;2013:839270

17. Konopka M, Pikto-Pietkiewicz W, Sawicki J et all. Giant left atrial myxoma as a cause of recurrent cerebral emboli. Pol Arch Med Wewn. 2013;123(7-8):417-8.

18. Stöllberger C, Finsterer J. Patients with cardiac myxoma require surveillance for myxoma-related cerebral aneurysms. Eur J Neurol. 2008; 15(12):e110-1.

19 Satish OS, Aditya MS, Rao MA, Mishra RC. Sporadic cardiac myxoma involving all the cardiac chambers. Circulation. 2013;127(4):e360-1.

20 Shin W, Choe YH, Kim SM, et al. Detection of cardiac myxomas with non-contrast chest CT. Acta Radiol. 2013; 7:34-6

21 Grant FD, Treves ST. Nuclear medicine and molecular imaging of the pediatric chest: current practical imaging assessment. Radiol Clin North Am. 2011;49(5): 1025-51.

22 Beroukhim RS, Prakash A, Buechel ER, et al. Characterization of cardiac tumors in children cardiovascular magnetic resonance imaging: a multicenter experience. J Am Coll Cardiol. Aug 30 2011;58(10):1044-54.

23 Schaff HV, Mullany CJ. Surgery for cardiac myxomas. Semin Thorac Cardiovasc Surg. 2000 Apr;12(2):77-88.

24 Sansone F, Ceresa F, Patanè F. Two cases of right atrial myxoma in redo patients. A mere coincidence?. G Chir. 2013 Jan-Feb;34(1-2):11-3.

25 Costa F, Winter G, Ferreira AD,et al.Initial experience with minimally invasive cardiac operations. Rev Bras Cir Cardiovasc. 2012;27(3):383-91.

26 Ricci D, Boffini M, Barbero C et al. Minimally invasive tricuspid valve surgery in patients at high risk. J Thorac Cardiovasc Surg. 2013;25: 00320-6.

27 Greco E, Barriuso C, Castro MA, Fita G, Pomar JL. Port-access cardiac surgery: from a learning process to the standard. Heart Surg Forum 2002; 2: 145-149.

28 Kotsuka Y, Furuse A, Yagyu K, Kawauchi M, Saito H, Tanaka O, et al. Long-term results of surgical treatment of intracardiac tumors. Effectiveness and limitation of surgical treatment. Jpn Heart J 1995; 2: 213-223.

29 Badrisyah I, Saiful R, Rahmat H et all. Brain Metastasis of Atrial Myxoma: Case report. Med J Malaysia. 2012 Dec;67(6):613-5.

30 Morin JE Rahal DP, Hüttner I. Myxoid leiomyosarcoma of the left atrium: a rare malignancy of the heart and its comparison with atrial myxoma. Can J Cardiol. 2001 Mar;17(3):331-6.

31 Desousa al, Muller j. Atrial myxoma a reviw of the neurological compications, metastases and recurrences. j neurol neurosurg 1978;41:1119

32 Pereles FS. Cardiac lipoma and lipomatous hypertrophy of the interatrial septum: cardiac magnetic resonance imaging findings.J Comput Assist Tomogr. 2004;28(6):852-6.

33 Gulati G, Sharma S, Kothari SS, et all. Comparison of echo and MRI in the imaging evaluation of intracardiac masses. Cardiovasc Intervent Radiol. 2004;275:459-469

34 Breuer M, Wippermann J, Franke U, Lipomatous hypertrophy of the interatrial septum and upper right atrial inflow obstruction. Eur J Cardiothorac Surg. 2002;22(6):1023-5.

35 Gowda RM, Khan IA, Nair CK, et al. Cardiac papil- lary fibroelastoma: a comprehensive analysis of 725 cases. Am Heart J 2003; 146: 404-10.

36 Sun JP, Asher CR, Yang XS, et al. Clinical and echo- cardiographic characteristics of papillary fibroelastomas: a retrospective and prospective study in 162 patients. Circulation 2001; 103: 2687-93.

37 Myers KA, Wong KK, Tipple M, Sanatani S. Benign cardiac tumours, malignant arrhythmias. Can J Cardiol 2010; 26: e58-e61.

38 Thomas-de-Montpreville V, Nottin R, Dulmet E, Serraf A. Heart tumors in children and adults: clinicopathological study of 59 patients from a surgical center. Cardiovasc Pathol 2007; 16: 22-28.

39 Stiller B, Hetzer R, Meyer R, et al. Primary cardiac tumours: when is surgery necessary? Eur J Cardiothorac Surg 2001; 20: 1002-1006.

40 Holley DG, Martin GR, Brenner JL. Diagnosis and management of fetal cardiac tumors: a multicenter experience and review of published reports. J Am Coll Cardiol. 1995;26:516–20.

41 Donatella Mecchia, Anna Maria Lavezzi, and Luigi Matturri. Primary Cardiac Fibroma and Cardiac Conduction System Alterations in a Case of Sudden Death of a 4-month-old Infant. Open Cardiovasc Med J. 2013; 7: 47–49.

42 Becker AE. Primary heart tumors in the pediatric age group: a review of salient pathologic features relevant for clinicians. Pediatr Cardiol. 2000;21:317–332.

43 Raffa GM, Malvindi PG, Settepani F et al. Hamartoma of mature cardiac myocytes in adults and young: case report and literature review. Int J Cardiol. 2013 Feb 20;163(2):e28-30.

44 Abad C, Campo E, Estruch et al. Cardiac hemangioma with papyllary endothelial hyperplasia: report of a resected case and review of the literature. Ann Thorac Surg   1990;49(2):305-8

45 Bharati S, Bauernfeind R, Josephson M. Intermittent preexcitation and mesothelioma of the atrioventricular node: a hitherto undescribed entity. J Cardiovasc Electrophysiol. 1995   Oct;6(10 Pt 1):823-31.

46 Abad C, Jiménez P, Santana C, et al. Primary cardiac paraganglioma. Case report and review of surgically treated patients.J Cardiovasc Surg 1992 Nov-Dec;33(6):768-72.

47 Liu X, Miao Q, Zhang H. et al. Primary cardiac pheochromocytoma involving both right and left atria. Ann Thorac Surg. 2013;95(1):337-40.

48 Reece IJ, Cooley DA, Frazier OH et al. Cardiac tumors. Clinical spectrum and prognosis of lesions other than classical benign myxoma in 20 patients. J Thorac Cardiovasc Surg. 1984 Sep;88(3):439-46.

49 Dhillon G, Rodriguez-Cruz E, Kathawala M, Alqassem N. Primary cardiac myofibroblastic sarcoma, case report and review of diagnosis and treatment of cardiac tumors. Bol Asoc Med P R.1998;90(7- 12):130-3.

50 Thomas CR Jr, Johnson GW Jr, Stoddard MF. et al. Primary malignant cardiac tumors: update 1992. Med Pediatr Oncol. 1992;20(6):519-31.

51 Ludomirsky A. Cardiac tumors. In: Bricker JT, Fisher DJ, eds. The Science and Practice of Pediatric Cardiology. Vol 2. 9th ed. Williams & Wilkins; 1998:1885-93.

52 Martinez Quesada M, Trujillo Berraquero F, Almendro Delia M, et al. Cardiac hamartoma. Case report and literature review. Rev Esp Cardiol. Apr 2005;58(4): 450-2.

53 Dein JR, Frist WH, Stinson EB, Miller DC,et al. Primary cardiac neoplasms. Early and late results of surgical treatment in 42 patients. J Thorac Cardiovasc Surg. 1987; 93(4):502-11.

54 Larrieu AJ, Jamieson WR, Tyers GF, et al. Primary cardiac tumors: experience with 25 cases. J Thorac Cardiovasc Surg. 1982;83(3):339-48.

55   Selman A R, Ubilla S M, Espinoza H J, et al. Heart autotransplantation for the treatment of a rhabdomyosarcoma of the left ventricle. Report of one case. Rev Med Chil. 2012 Jun; 140(6):775-9

56   Segers D, Galuzina J, Verdijk RM et al. Right atrial and ventricular angiosarcoma. Eur Heart J. 2013; 3:230-3

57   Khanji M, Lee E, Ionescu A. Blushing primary cardiac angiosarcoma. Heart. 2013;23: 101-6

58   Platts DG, Morsy M, Burstow D. Multi-modality imaging in the assessment of a metastatic cardiac rhabdomyosarcoma presenting with recurrent ventricular tachycardia.
Eur Heart J Cardiovasc Imaging. 2013;10: 23-6

59   Yilmaz M, Kehlibar T, Arslan IY, et al. A case of primary cardiac rhabdomyosarcoma with surgical removal and mitral valve repair. Heart Surg Forum. 2013 Jun;16(3):164-6

60.   Yazıcı N, Sarıalioğlu F, Varan B, et al. Treatment of cardiac infantile fibrosarcoma. Pediatr Blood Cancer. 2013 Jun;60(6):953-4.

61   Baldassarre M, Razinia Z, Brahme NN et al. Filamin A controls matrix metalloproteinase activity and regulates cell invasion in human fibrosarcoma cells. J Cell Sci. 2012 Aug 15;125(Pt 16):3858-69.

62   Slimani EK, Lance DG. Repeat sternotomy and hypothermic circulatory arrest for resection of renal cell carcinoma with tumour thrombus extension into the right atrium. Heart Lung Circ. 2009 Apr;18(2):143-5.

63   Aerts BR, Kock MC, Kofflard MJ et al.Cardiac metastasis of malignant melanoma: a case report. Neth Heart J. 2013;3:45-50

64   , Fukuyama O, Powell WS et al. Surgical resection of giant metastatic leiomyosarcoma of the heart. J Thorac Cardiovasc Surg. 1987;94(3):447-9.

65 Møller JE, Pellikka PA, Bernheim et al. Prognosis of Carcinoid Heart Disease. Analysis of 200 cases over two decades. Circulation. 2005; 112: 3320-3327.

66 Møller JE, Connolly HM, Rubin J, et al.. Factors associated with progression of carcinoid heart disease. N Engl J Med 2003; 348:1005-1015.

67 Bernheim AM, Connolly HM, Hobday TJ,et al. Carcinoid Heart Disease. Progress in Cardiovascular Diseases. 2007; 49: 439-451.

68 Bhattacharyya S, Davar J, Dreyfus, et al. Carcinoid heart disease. Circulation. 2007; 116: 2860-2865.

PREGUNTAS DE REPASO

1. Incidencia de tumores primarios
2. proporción entre tumores primarios y secundarios
3. distribución proporcional de tumores primarios
4. mixomas, su importancia y la proporción entre los tumores primarios
5. localización más frecuente de los mixomas
6. forma más frecuente de presentación de los mixomas
7. presentación clínica de los mixomas
8. importancia de las embolizaciones en los mixomas
9. importancia de la ecocardiografia en el diagnostico de los mixomas
10. importancia de la RNM en el diagnostico de los mixomas
11. momento de intervención quirúrgica de los mixomas
12. diferentes vías de acceso para la intervención de mixomas
13. pasos generales en la intervención de mixomas
14. acceso auricular para la intervención de los mixomas
15. especial cuidado en la manipulación de los mixomas y prevención de embolias
16. ventajas de la cirugía mínimamente invasiva por por puertos en el tratamiento de los mixomas
17. ventajas de la cirugía asistida por robot en el tratamiento de los mixomas o tumores auriculares
18. resultados quirúrgicos del tratamiento de los mixomas.
19. grado de recurrencias de los mixomas
20. seguimiento de los mixomas
21. características principales de los lipomas
22. sintomatologia de los lipomas
23. sintomas de la hipertrofia lipomatosa del septum interatrial
24. indicación de cirugía en los lipomas cardiacos
25. lugar de asiento principal de los fibroelastomas
26. importancia de las embolias en los fibroelastomas
27. tratamiento quirúrgico de los fibroelastomas
28. cual es el tumor benigno mas frecuente en niños
29. sintomatologia general de los rabdomiomas
30. con qué síndrome se asocia los rabdomiomas hasta en un 50 % de los pacientes
31. ¿Puede haber regresión espontánea de los rabdomiomas?
32. localización principal de los fibromas
33. síntomas de presentación de los fibromas
34. localización principal de los teratomas
35. presentación clínica de los feocromocitomas

36. incidencia de los tumores primarios malignos en la proporción general de tumores cardiacos primarios
37. cual es el tumor cardiaco primario maligno más frecuente?
38. síntomas clínicos principales de los tumores malignos primarios
39. importancia de la RNM y TAC en el diagnostico de los tumores malignos primarios
40. pronostico de los tumores malignos primarios
41. ¿cual es el tumor maligno más frecuente?
42. localización principal de los angiosarcomas

43. localización principal de los rabdomiosarcomas.
44. origen de los tumores infradiafragmáticos con extensión a la aurícula derecha
45. abordaje quirúrgico de los tumores infradiafragmáticos con extensión a la aurícula derecha
46. vías de diseminación para afectar al corazón en los tumores secundarios cardiacos
47. diferentes vías de tratamiento de los derrames pericárdicos tumorales
48. características de los tumores carcinoides
49. válvulas más afectadas en el sindrome carcinoide
50. indicación de la cirugía valvular en el síndrome carcinoide.

PREGUNTAS COMENTADAS

1. Incidencia de tumores primarios

Los tumores cardiacos primarios son una entidad rara, que hasta hace unos pocos años era una hallazgo en las necropsias, con una prevalencia entre el 0,17-0.20 %

Con la profusión y la fiabilidad de técnicas complementarias, principalmente ecocardiografía, pero también escáner o resonancia nuclear han hecho que aun, no siendo frecuentes, se diagnostiquen con cierta asiduidad y muchos de ellos, puedan tener un tratamiento quirúrgico efectivo, en muchos de los casos, en especial en el caso de los mixomas, con una morbimortalidad baja. En ocasiones el diagnostico es casual, en la búsqueda o seguimiento de otras patología cardiacas.

2. proporción entre tumores primarios y secundarios.

los tumores primarios son una entidad rara, los tumores secundarios o metastásicos son la causa principal de afectación tumoral del corazón y pericardio, de forma que son 20 veces más frecuente que los tumores primitivos cardiacos benignos y malignos. Casi todos los tipos histológicos de tumores han sido descritos con capacidad de metastizar al corazón. Así leucemias, melanomas, carcinomas pulmonares, cáncer de mama, diversos sarcomas, linfomas han sido implicados en producir en un porcentaje elevado, metástasis cardíacas o pericárdicas. Los melanomas tienen especial predilección por producir metastasis cardiaca[63].

3. Distribución proporcional de tumores primarios

La gran mayoría de estos tumores primarios son benignos, aproximadamente un 75 % divididos en sus diferentes tipología, siendo en adultos el más frecuente el mixoma. En niños el rabdomioma es el tumor benigno más frecuente.

Respecto a los tumores malignos primarios, (el 25 % restante), se dividen en una gran variedad histológica, siendo el más frecuente el sarcoma.

4. Mixomas, su importancia y la proporción entre los tumores primarios.

Los mixomas son los tumores benignos más frecuentes en adultos, representando el 50 % aproximadamente, y los que mayoritariamente se tratan en cirugía cardiaca. En adolescentes representa aproximadamente un 15 % de los tumores benignos, siendo raros en los primeros años de vida. La incidencia de estos tumores intervenidos es aproximadamente de 0,5 %, de los pacientes intervenidos en una unidad de cirugía cardiaca.

Son tumores benignos con una distribución mayoritariamente esporádica y con predominio claro en el sexo femenino especialmente entre la tercera y sexta década de la vida.

5. Localización más frecuente de los mixomas.

Su asentamiento es el endocardio, extendiéndose a cámaras cardiacas. El lugar de implantación mayoritario son las aurículas especialmente la izquierda en un 75 % de los casos. Aproximadamente en un 18 % de los casos asientan en la aurícula derecha, aunque han sido descritos en válvulas cardiacas o ventrículos. La presentación suelen ser únicos, salvo en el caso familiar, donde el asentamiento múltiple es más frecuente.

En la aurícula izquierda generalmente están localizados en la fosa oval, pero pueden originarse en cualquier parte de la aurícula e incluso raramente en válvulas cardiacas o endocardio ventricular

6. Presentación clinica de los mixomas.

La sintomatología de la presentación del mixoma, depende lógicamente de su localización, siendo la aurícula izquierda su principal asentamiento. Según, Pinede L. en una serie de 112 consecutivos casos en uno solo centro, la probabilidad de presentación inicial es la siguiente:

67 % fallo cardiaco.

29 % embolización.

34 % síntomas constitucionales, perdida de peso y afectación de tejido conectivo secundario a la secreción de citoquinas, siendo más frecuentes en mujeres.

3 % arritmias, infecciones etc.

7. Importancia de las embolizaciones en los mixomas.

La embolización, que ocurre casi en un tercio de los pacientes como síntoma inicial. Depende de la cámara donde asiente el tumor, sintomalogía será diferente, así embolia pulmonar en los de asentamiento en el corazón derecho. En la afectación tumoral de aurícula izquierda se produce una vasta localización de embolias sistémicas, afectando a múltiples órganos, desde embolias periféricas a infartos agudos de miocardio. Un porcentaje muy importante de embolias afectan al sistema nervioso central, con un amplio rango de sintomatologías, desde accidente vascular transitorio, hasta embolia cerebral masiva. En estos casos, muchos autores propugnan una cirugía cardiaca de exéresis temprana, a pesar de los riesgos de la heparinización completa, necesaria para la intervención, por el riesgo de repetición de las embolia.

Otras complicaciones neurológicas de los mixomas son las metástasis cerebrales (asentamiento del tumor tras la embolia) y la formación de aneurismas intracraneales, pudiendo causar rupturas y hemorragias intracerebrales o subaracnoideas.

Aunque los mixomas ventriculares son raros, sin embargo el porcentajes de estos tumores que embolizan es de casi el 70 %.

8. Importancia de la ecocardiografia en el diagnostico de los mixomas.

Actualmente el diagnostico de presunción viene dado principalmente por la ecocardiografía, en todas sus variedades, la mayoría de las veces como hallazgo casual en la búsqueda de patologías valvulares que expliquen la sintomatologia del paciente.

Con frecuencia, una eco transtorácica es suficiente para el diagnostico, con una sensibilidad próxima al 100 %, detectando tumores de varios milímetros, en ocasiones se utiliza pre o en quirófano una eco transesofágica que nos proporciona información adicional, especialmente en los asentados en la aurícula izquierda. La eco tridimensional nos puede aportar información suplementaria respecto a base de implantación, y relaciones anatómicas.

9. Importancia de la RNM en el diagnostico de los mixomas.

Respecto a la tomografía computarizada y resonancia mangnética, en general, al menos en los mixomas solo aporta información adicional. Debe usarse en casos de de dudas diagnostica, la sospecha de tumores malignos o para determinar situación y extensión. Puede ser de utilidad en mixomas derechos para aclarar su extensión hacia las cavas, o bien en asentamiento en los ventrículos, y en casos de diagnostico en niños para aclarar posibles otras entidades histológicas.

10. Diferentes vías de acceso para la intervención de mixomas.

La técnica de acceso en caso de mixomas de aurícula izquierda o derecha como localizaciones, más frecuente, no varía de forma esencial para otros tipos de cirugía que afecten a las aurículas. Tenemos diferentes formas de estrategia quirúrgica para la resolución de los mixomas u otros tumores auriculares. Entre ellos, la esternotomía media, el acceso lateral derecho por minitoracotomía por técnica de puertos o con la modificación de acceso asistida por robot.

www.ingramcontent.com/pod-product-compliance
Lightning Source LLC
Chambersburg PA
CBHW051047180526
45172CB00002B/548